新媒体设计系列

New Media Design

After Effects
UI 交互
动画设计

视频讲解版

张晨起 / 编著

人民邮电出版社

北 京

图书在版编目（CIP）数据

After Effects UI交互动画设计 / 张晨起编著. --
北京 : 人民邮电出版社，2018.8（2023.7重印）
ISBN 978-7-115-48265-5

Ⅰ．①A… Ⅱ．①张… Ⅲ．①图象处理软件 Ⅳ．
①TP391.413

中国版本图书馆CIP数据核字(2018)第073259号

内 容 提 要

本书全面地介绍 UI 界面交互动画设计。由浅入深的讲解方法，以及知识点的介绍和典型案例的制作讲解，使读者更容易理解相应的知识点，并能在此基础上掌握交互动画的制作和表现方法。全书共 5 章，分别是 UI 交互动画设计基础、After Effects CC 软件基础、UI 元素交互动画设计、移动 UI 转场交互动画设计和移动 UI 界面交互动画设计。

UI 界面交互动画设计可以拓展界面的空间内容，简化引导流程，降低界面操作的学习成本，更重要的是能给用户带来意想不到的惊喜，它就像人类的肢体语言，能传达更多的抽象信息并展现人物性格。

本书不但提供书中所有实例的源文件和素材，还提供所有实例的多媒体教学视频，以帮助读者迅速掌握使用 After Effects CC 进行交互动画制作的精髓，可以让新手从零起步，进而跨入高手行列。视频及其他配套资源，可到人邮教育社区（www.ryjiaoyu.com.cn）下载。

本书案例丰富、讲解细致，注重激发读者兴趣和培养读者动手能力，适合作为高等院校交互设计课程教材，以及交互动画设计人员的参考手册。

◆ 编　　著　张晨起
　　责任编辑　刘　博
　　责任印制　沈　蓉　彭志环

◆ 人民邮电出版社出版发行　　北京市丰台区成寿寺路 11 号
　　邮编　100164　　电子邮件　315@ptpress.com.cn
　　网址　http://www.ptpress.com.cn
　　北京虎彩文化传播有限公司印刷

◆ 开本：787×1092　1/16
　　印张：14.25　　　　　　　2018 年 8 月第 1 版
　　字数：438 千字　　　　　　2023 年 7 月北京第 8 次印刷

定价：69.80 元

读者服务热线：**(010)81055256**　印装质量热线：**(010)81055316**
反盗版热线：**(010)81055315**

前　言

随着移动互联网的飞速发展，移动端应用层出不穷，越来越多的移动端应用程序会在界面设计中加入交互动画效果，从而提升用户的交互体验。交互动画效果本质上是作为视觉传达的一个组成部分而存在的，很多设计趋势的诞生，与技术本身的发展是分不开的，移动端的交互动画设计已经成为新的发展趋势。

本书紧跟移动交互设计的发展趋势，向读者详细介绍移动端交互动画设计的相关知识，并且讲解目前流行的交互动画设计软件——After Effects，通过基础知识与实战操作相结合的方式，使读者在理解的基础上能够更快速地动手制作出各种实用的界面交互动画效果，真正做到学以致用。

本书内容

本书内容浅显易懂，简明扼要，从交互设计的基础知识开始，由浅入深，详细介绍交互动画设计的相关知识，以及如何使用 After Effects 软件来制作移动端界面中各种常见的交互动画效果，知识点与案例相结合的特点使学习过程不再枯燥乏味。本书章节内容安排如下。

第 1 章为 UI 交互动画设计基础，介绍有关 UI 设计和交互设计的相关基础知识，使读者对 UI 设计和交互设计有基本的了解。同时本章还介绍有关动态交互设计的相关知识，使读者更好地理解 UI 界面中的动态交互设计应用范围和表现效果。

第 2 章为 After Effects CC 软件基础，主要介绍交互动画设计软件 After Effects，讲解该软件的工作界面、软件的基本操作方法、重要的功能面板和操作方法，并通过讲解一些简单的交互动画案例的制作，使读者能快速掌握 After Effects CC 软件的使用方法。

第 3 章为 UI 元素交互动画设计，详细介绍 UI 界面中各种元素交互动画的表现和设计方法，并结合案例的制作练习，使读者能快速掌握各种元素交互动画的制作方法。

第 4 章为移动 UI 转场交互动画设计，重点介绍 UI 界面转场动画效果的设计，通过知识点与案例制作相结合，使读者能轻松理解并掌握常见的转场动画效果的制作和表现方法。

第 5 章为移动 UI 界面交互动画设计，详细介绍 UI 界面交互动画的相关知识，包括引导界面动画、加载动画及其他界面动画等，使读者能理解 UI 界面动画设计的关键要点，掌握界面动画的制作方法。

本书特点

本书内容丰富、条理清晰，通过 5 章内容为读者全面介绍交互动画设计的知识、使用 After Effects CC 进行交互动画制作的方法和技巧，采用理论知识和案例相结合的方法介绍各个知识点，主要特点如下。

- 语言通俗易懂，精美案例图文同步，涉及大量交互设计动画制作的丰富知识讲解，帮助读者深入了解交互动画。
- 实例涉及面广，几乎涵盖交互动画制作中大部分的效果，每个效果通过实际操作讲解和案例制作，帮助读者掌握交互设计动画制作中的知识点。
- 注重交互动画制作使用软件知识点和案例制作技巧的归纳总结，知识点和案例的讲解过程穿插软件操作和知识点提示等，使读者更好地对知识点进行归纳、吸收。
- 每一个案例的制作过程都配有相关视频教程和素材，步骤详细，使读者轻松掌握。

- 本书采用图文相结合的方式对交互动画设计的知识点进行全面的讲解，适合交互动画初学者和爱好者阅读，也可以为一些交互动画从业人员及相关交互动画专业的学习者提供参考。人邮教育社区（www.ryjiaoyu.com.cn）上提供书中所有案例的源文件和素材，以及书中所有案例的视频教程，方便读者学习和参考。

本书作者

本书由张晨起编写，另外张晓景、李晓斌、解晓丽、孙慧、程雪翮、刘明秀、陈燕、胡丹丹、杨越、陶玛丽、张玲玲、王状、赵建新、胡振翔、张农海、聂亚静、曹梦珂、林学远、项辉、张陈等也为本书的编写提供了各种帮助，在此表示衷心感谢！书中难免有不足和疏漏之处，恳请广大读者朋友批评、指正。

编　者

目　录

第1章 UI 交互动画设计基础

现在越来越多的人使用手机、平板等移动设备访问互联网，移动设备便成为人们与互联网进行交互的媒介，于是，移动应用的人机交互体验就变得越来越重要。本章将介绍有关 UI 交互动画设计的相关基础知识，使读者对 UI 设计、交互设计有更深入的理解。

◎ 本章知识点

- 了解 UI 设计的含义及 UI 设计的相关术语。
- 理解交互设计与用户体验的关系。
- 理解动态效果的表现优势及作用。
- 理解动态效果在用户体验中的应用。
- 理解交互设计的含义及交互设计需要考虑的内容和习惯。
- 了解基础动态效果的类型。
- 了解动态效果制作软件的种类。

1.1 移动 UI 设计基础知识

随着智能手机和平板电脑等移动设备的普及，移动设备成为与用户交互最直接的体现。移动设备目前已经成为人们日常生活中不可缺少的一部分，各种类型的移动 App 软件层出不穷，极大地丰富了移动设备的应用。

移动设备用户不仅期望移动设备的软、硬件拥有强大的功能，更注重其操作界面的直观性、便捷性，能够提供轻松愉快的操作体验。

1.1.1 UI 设计的含义

UI 即 User Interface（用户界面）的简称，UI 设计则是指对软件的人机交互、操作逻辑、界面美观 3 个方面的整体设计。好的 UI 设计不仅可以让软件变得有个性、有品位，还可以使用户的操作变得更加舒服、简单、自由，充分体现产品的定位和特点。UI 设计包含范畴比较广泛，包括软件 UI 设计、网站 UI 设计、游戏 UI 设计、移动设备 UI 设计等。图 1-1 所示为精美的移动 UI 设计。

图 1-1

UI 设计是单纯的美术设计，需要定位使用者、使用环境、使用方式、最终用户而设计，是纯粹的、科学性的艺术设计。一个友好美观的界面会给用户带来舒适的视觉享受，拉近人机之间的距离，所以 UI 设计需要和用户研究紧密的结合，是一个不断为最终用户设计满意视觉效果的过程。

1

> **提示**
>
> UI 设计不仅需要客观的设计思想，还需要更加科学、更加人性化的设计理念。如何在本质上提升产品用户界面设计品质？这不仅需要考虑界面的视觉设计，还需要考虑人、产品和环境三者之间的关系。

1.1.2 UI 设计的相关术语

了解用户体验设计领域的相关专业术语，如 GUI、UI、ID 和 UE 等，可以帮助我们进一步加深对该领域的认识。

1. UI（User Interface）

UI 是指用户界面，包含用户在整个产品使用过程中相关界面的软硬件设计，囊括 GUI、UE 及 ID，是一种相对广义的概念。

2. GUI（Graphic User Interface）

GUI 是指图形用户界面，可以简单地理解为界面美工，主要完成产品软硬件的视觉界面部分，比 UI 的范畴窄。目前国内大部分的 UI 设计其实做的是 GUI，大多出自美术院校相关专业毕业生之手。

3. ID（Interaction Design）

ID 是指交互设计，简单地讲就是指人与计算机等智能设备之间的互动过程的流畅性设计，一般由软件工程师来实施。

4. UE（User Experience）

UE 是指用户体验，更多关注的是用户的行为习惯和心理感受，即研究用户怎样使用产品才能更加得心应手。

5. 用户体验设计师（User Experience Designer）

用户体验设计师简称 UED 或者 UXD。用户体验设计师的工作岗位在国外企业产品设计开发中被广泛重视，这与国际上比较注重人们的生活质量密切相关；目前国内相关行业特别是互联网企业在产品开发过程中，越来越多地认识到这一点，很多著名的互联网企业都已经拥有自己的 UED 团队。

1.1.3 移动 UI 设计的特点

随着移动设备的不断普及，社会对移动设备软件的需求越来越多，移动操作系统厂商都不约而同地建立移动设备应用程序市场，如苹果公司的 App Store、谷歌公司的 Android Market、微软公司的 Windows Phone Marketplace 等，给移动设备用户带来巨量的应用软件。这些应用软件界面各异。

移动设备用户在众多的应用软件使用过程中，最终会选择界面视觉效果良好，并且具有良好用户体验的应用软件。那么怎样的移动应用 UI 设计才能给用户带来好的视觉效果和良好的用户体验呢？接下来介绍移动 UI 设计的特点和技巧。

1. 第一眼体验

当首次启动移动应用程序时，用户在脑海中首先想到的问题是："我在哪里？我可以在这里做什么？接下来还可以做什么？"设计者要尽力做到应用程序在刚打开的时候就能回答出用户的这些问题。如果一个应用程序能在前数秒的时间里告诉用户这是一款适合他的产品，那么他一定会更加深入地进行发掘，如图 1-2 所示。

2. 便捷的输入方式

在多数时间中，人们只使用一个拇指来操作移动应用程序，设计者在设计时不要执拗于多点触摸及复杂精密的流程，只要让用户可以迅速地完成屏幕和信息间的切换和导航，让用户能快速地获得所需要的信息，珍惜用户每次的输入操作。图 1-3 所示为 App 为用户提供更加便捷的搜索和查找功能。

3. 呈现用户所需

用户通常会利用一些时间间隙来做一些小事情，将更多的时间留下来做一些自己喜欢的事情。因此，不要让用户等到应用程序来做某件事情，应尽可能地提升应用表现，改变 UI，让用户所需结果呈现得更快。图 1-4 所示为使用天气图像作为界面背景来突出展示当前的天气情况。

通过图标与文字
相结合，清晰地
展现用户可以进
行的操作，非常
直观、便捷。

标题栏能清楚
地表现用户当前
位置。

通过图标与菜单
选项相结合，更
加清晰、直观地
表明用户可以进
行的操作。

图 1-2

不但可以通过
字母进行快速
查找，还可以
通过搜索的方
式快速定位需
要的内容。

通过图标与文字
信息结合背景图
像，非常直观地
表现信息内容，
使用户看一眼就
能明白。

图 1-3　　　　　　　　　　　　　　　　　图 1-4

4．适当的横向呈现方式

对用户来说，横向呈现带来的体验是完全不同的，利用横向这种更宽的布局可以完全不同的方式呈现新的信息。图 1-5 所示为同一款 App 在手机与平板电脑中采用的呈现方式不同。

平板电脑提供更大的屏幕空
间，可以合理地安排更多的
信息内容，而手机屏幕的空
间相对较小，适合展示最重
要的信息内容。另外，通过
横、竖屏不同的展示方式，
可以为用户带来不同的体验。

图 1-5

5．制作个性应用

应用的设计者要向用户展示一个个性的风格。因为每个人的性格不同，喜欢的应用风格也各不相同，制作一款与众不同的应用，总会有喜欢上它的用户。图 1-6 所示为个性的 App 设计。

6．不忽视任何细节

不要低估一个应用组成中的任何一项。精心撰写的介绍和清晰且设计精美的图标会让设计应用显得出类拔萃，用户会察觉设计师额外投入的这些精力，如图 1-7 所示。

图 1-6　　　　　　　　　　　　　　　　　图 1-7

1.2 交互设计

进入信息时代，多媒体的运用使交互设计显得更加多元化，多学科各角度的剖析让交互设计理论更加丰富，现在基于交互设计的互联网产品越来越多地被投入市场，而很多新的互联网产品也大量吸收了交互设计的理论，因而能给用户带来更好的用户体验。

1.2.1 交互设计的含义

交互设计又被称为互动设计（Interaction Design），是指设计人与产品或服务互动的一种机制。交互设计在于定义产品（软件、移动设备、人造环境、服务、可穿带设备及系统的组织结构等）在特定场景下反应方式相关的界面，通过对界面和行为进行交互设计，让使用者使用人造物来完成目标，这就是交互设计的目的。

从用户角度来说，交互设计是一种如何让产品易用、有效而让人愉悦的技术，它致力于了解目标用户和他们的期望，了解用户在与产品交互时彼此的行为，了解"人"本身的心理和行为特点。同时还包括了解各种有效的交互方式，并对它们进行增强和扩充。交互设计还涉及多个学科，以及与交互设计领域人员的沟通。

1.2.2 交互设计需要考虑的内容

用户体验设计人员在进行交互设计时考虑的事情很多，绝对不是随便弄几个控件摆在那里，通常要考虑很多内容。

1. 确定需要这个功能

当看到策划文案中的一个功能时，要确定该功能是否需要。有没有更好的形式将其融入其他功能中，直至确定必须保留。

2. 选择最好的表现形式

不同的表现形式会直接影响用户与界面的交互效果。例如对提问功能，必须使用文本框吗？单选列表框或下拉列表是否可行？是否可以使用滑块？

3. 设定功能的大致轮廓

一个功能在页面中的位置、大小可以决定其内容是否被遮盖、是否需要被滚动显示。合理的轮廓既节省屏幕空间，又不会给用户造成输入前的心理压力。

4. 选择恰当的交互方式

针对不同的功能选择恰当的交互方式，有助于提升整个设计的品质。例如对一个文本框来说，是否添加辅助输入和自动完成功能？数据采用何种对齐方式？选中文本框中的内容是否显示插入光标？这些内容都是交互设计要考虑的。如图1-8所示，某移动App的登录页面采用弹出式的动画交互方式，在第一时间取悦用户。轻微的弹入和渐隐效果使登录页面看起来非常鲜活。

图1-8

1.2.3　交互设计需要遵循的习惯

设计师在进行交互设计时，可以充分发挥个人的想象力，使页面在被方便操作的前提下更加丰富美观。但是无论怎么设计，都要遵循用户的一些习惯，如地域文化、操作习惯等。设计者将自己化身为用户，找到用户的习惯是非常重要的。

设计者可以在如下 4 个方面遵循用户的习惯。

1．用户的文化背景

一个群体或民族的习惯是需要遵循的，如果违反了这种习惯，产品不但不会被接受，产品形象还可能大打折扣。

2．用户群的人体机能

不同用户群的人体机能是不相同的设计者需要着重考虑这一点。例如老人一般视力下降，设计者就要设计较大的字体；盲人看不到东西，设计者要在触觉和听觉上着重设计。不考虑用户群的特定需求，任何一款产品都注定会失败。

3．坚持以用户为中心

设计师设计出来的作品通常是被其他人使用的。所以在设计时，要坚持以用户为中心，充分考虑用户的要求，而不是以设计师本人的喜好为主。要将自己模拟为用户，融入整个产品设计中，摒弃个人的一切想法，这样才可以设计出被广大用户接受的作品。

4．用户的浏览习惯

用户在浏览网站的过程中，通常都会形成一种特定的浏览习惯。例如首先会横向浏览，然后下移一段距离后再次横向浏览，最后会在页面的左侧快速纵向浏览。这种已形成的习惯一般不会被更改，设计者在设计时最好先遵循用户的习惯，然后从细节上进行超越。

如图 1-9 所示，越来越多的 App 开始使用对话框或气泡的设计形式来呈现信息，这种设计形式可以很好地避免打断用户的操作，并且更加符合用户的行为习惯。

图 1-9

1.2.4　交互设计的基本步骤

通常来说，交互设计都会遵循类似的步骤进行设计，为特定的设计问题提供某个解决方案。交互设计的一般步骤如图 1-10 所示。

（1） 用户调研	通过用户调研，了解用户及其相关的使用场景，以便对其有深刻的认识（主要包括用户使用时的心理模式和行为模式），从而为后续设计提供良好的基础。
（2） 概念设计	通过综合考虑用户调研的结果、技术可行性及商业机会，为交互设计的目标创建概念（目标可能是新的软件、产品、服务或系统）。整个过程可能来回迭代进行多次，每个过程可能包含头脑风暴、交谈、细化概念模型等活动。
（3） 创建用户模型	基于用户调研得到的用户行为模式，设计师通过创建场景或用户故事来描绘设计中产品将来可能的形态。通常，设计师设计用户模型来作为创建场景的基础。
（4） 创建界面流程	交互设计师通常需要绘制界面流程图，用于描述系统的操作流程。
（5） 开发原型并 进行用户测试	交互设计师通过设计原型来测试设计方案。原型大致可以分为 3 类，即功能测试的原型、感官测试原型和实现测试原型。总之，这些原型用于测试用户和系统交互的质量。
（6） 实现	交互设计师需要参与方案的实现，从而确保方案实现是严格忠于原来的设计的；同时，也要准备进行必要的方案修改，从而确保不伤害原有设计的完整概念。
（7） 系统测试	系统实现完毕的测试阶段，可以通过用户测试发现设计的缺陷，设计师需要根据情况对方案进行合理的修改。

图 1-10

1.3 交互设计与用户体验

在网络发展的初期，由于技术和产业发展的不成熟，交互设计更多地追求技术创新或功能实现，很少考虑用户在交互过程中的感受，这就使很多网络交互被设计得过于复杂或过于技术化，用户理解和操作起来困难重重，因而大大降低了用户参与网络互动的兴趣。随着数字技术的发展及市场竞争的日趋激烈，很多交互设计师开始将目光转向如何为用户创造更好的交互体验，从而吸引用户参与网络交互中来。于是，用户体验（User Experience）逐渐成为交互设计的首要关注点和重要的评价标准。

1.3.1 什么是用户体验

用户体验是用户在使用产品或服务的过程中建立起来的一种纯主观的心理感受。从用户的角度来说，用户体验是产品在现实世界的表现和使用方式，渗透到用户与产品交互的各个方面，包括用户对品牌特征、信息可用性、功能性、内容性等方面的体验。不仅如此，用户体验还是多层次的，并且贯穿于人机交互的全过程，既有对产品操作的交互体验，又有在交互过程中触发的认知、情感体验，包括享受、美感和娱乐。从这个意义上来讲，交互设计就是创建新的用户体验的设计。

> **专家提示**
>
> 用户体验设计的范围很广，而且在不断地扩张。关于用户体验概念的定义有多重描述，不同领域的人有不同的阐述。

用户体验这一领域的建立，正是为了全面地分析和透视一个人在使用某个产品、系统或服务时的感受，其研究的重点在于产品、系统或服务给用户带来的愉悦度和价值感，而不是其性能和功能的表现。

1.3.2 6 种基础体验

用户体验是主观的、分层次的和多领域的，可以将其分为 6 种基础体验，如图 1-11 所示。

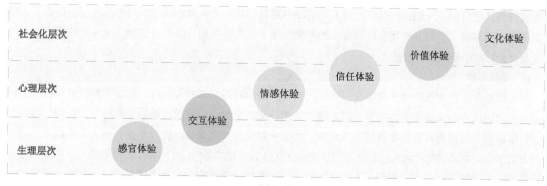

图 1-11

1. 感官体验

感官体验是用户生理上的体验，强调用户在使用产品、系统或服务过程中的舒适性。感官体验的问题涉及移动 UI 设计的便捷度、界面布局的规律、界面色彩搭配的合理性等多个方面，这些都是给用户带来最基本的视听体验，是用户最直观的感受。图 1-12 所示的某音乐 App 的 UI 设计，运用紫色作为界面的主色调，给人一种唯美、优雅、浪漫的感觉。它使用当前所播放歌曲的歌手照片作为界面背景，非常直观，将功能操作图标放置在界面的底部，并且采用了简约的线框图标，非常直观，便于用户操作。

界面设计简洁、大方，给人舒适感。

图 1-12

2. 交互体验

交互体验是用户在操作过程中的体验，强调易用性和可用性，主要包括最重要的人机交互，以及人与人之间的交互两个方面的内容。移动应用的交互体验涉及用户使用过程中的复杂度与使用习惯的易用问题、有关数据表单的可用性设计安排问题，以及如何吸引用户的交互流程设计等问题。在图 1-13 所示与数据统计有关的移动界面设计中，设计师为数据的表现方式加入交互动画效果，无论是数据的折线图还是下方的轮装图，都采用简短的交互动画效果进行表现，能很好地吸引用户，表现出界面的动感，突出信息的表现。

图 1-13

3. 情感体验

情感体验是用户心理方面的体验，强调产品、系统或服务的友好度。首先产品、系统或服务应该给予用户一种可亲近的心理感觉，在不断交流过程中逐步形成一种多次互动的良好的友善意识，最终希望用户与产品、系统或服务之间固化为一种能延续一段时间的友好体验。

4. 信任体验

信任体验是一种涉及从生理、心理到社会的综合体验，强调其可信任性。由于互联网世界具有虚拟性特点，安全需求是首先被考虑的内容之一，因此信任理所当然地被提升到一个十分重要的地位。用户首先需要建立心理上的信任，在此基础上借助产品、系统或服务的可信技术，以及网络社会的信用机制逐步建立起信任体验。信任是用户在网络中实施各种行为的基础。

5. 价值体验

价值体验是一种用户经济活动的体验，强调商业价值。在经济社会中，人们的商业活动以交换为目的，最终实现其使用价值，人们在产品使用的不同阶段中通过感官、心理和情感等不同方面和层次的影响，以及在企业和产品品牌、影响力等社会认知因素的共同作用下，最终得到与商业价值相关的主观感受，这是用户在商业社会活动中最重要的体验之一。

6. 文化体验

文化体验是一种涉及社会文化层次的体验，强调产品的时尚元素和文化性。绚丽多彩的外观设计、诱人的价值、超强的产品功能和完善的售后服务固然是用户所需要的，但依然可能缺少那种令人振奋、耳目一新或"惊世骇俗"的消费体验，如果将时尚元素、文化元素或某个文化节点进行发掘、加工和提炼，并与产品进行有机结合，将非常容易给人一种完美、享受的文化体验。图 1-14 所示为某互联网金融 App 中的交互动画设计效果，无论是对页面进行刷新，还是在页面内容加载和处理过程中，都会出现相应的提示动画效果，并且该动画效果运用卡通形象和具有代表性的符号图形来表现，非常形象，能够为用户带来很好的体验效果。

下拉刷新交互效果　　　　　　　　页面加载交互效果

图 1-14

这 6 种不同基础体验基于用户的主观感受，都涉及用户心理层次的需求。需要说明的是，正是由于体验来自人们的主观感受（特别是心理层次的感受），对相同的产品，不同的用户可能会有完全不同的用户体验。因此，不考虑用户心理需求的用户体验一定是不完全的，在用户体验研究中尤其需要关注人的心理需求和社会性问题。

1.3.3 交互设计的重要性

移动设备的交互体验是一种"自助式"的体验，没有可以事先阅读的说明书，也没有任何操作培训，完全依靠用户自己去寻找互动的途径。即便被困在某处，用户也只能自己想办法，因此交互设计极大地影响了用户体验。好的交互设计应该尽量避免给用户的参与造成任何困难，并且在出现问题时及时提醒用户并帮助用户尽快解决，从而保证用户的感官、认知、行为和情感体验的最佳化。

反过来，用户体验又对交互设计起着非常重要的指导作用，是交互设计的首要原则和检验标准。从了解用户的需求入手，到对各种可能的用户体验的分析，再到最终的用户体验测试，交互设计应该将对用户体验的关注贯穿于设计的全过程。即便做出一个小小的设计决策，设计师也应该从用户体验的角度去思考。图 1-15 所示为某闹钟移动 App 的交互效果，图形化的时针表盘设计引导用户设定闹钟时间，而闹钟列表界面又通过不同的色彩、小图标等为用户提供非常清晰的指引。

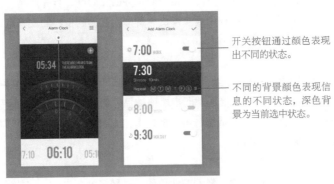

开关按钮通过颜色表现出不同的状态。

不同的背景颜色表现信息的不同状态，深色背景为当前选中状态。

图 1-15

1.4 动态交互设计基础

最近几年 UI 设计领域最大的变化便是越来越强调用户体验设计，而在 Web 或移动 App 中使用动态交互效果也就成为一大趋势。但是，需要注意的是，动态交互效果应该是以提高产品的可用性为前提，并且以令人觉得自然、含蓄的方式提供有效用户反馈的一种机制。

1.4.1 动态交互效果

近些年，人们对产品的要求越来越高，不再仅仅喜欢那些功能好、实用、耐用的产品，而是转向产品给人的心理感觉，这就要求设计者在设计产品时能提供产品的用户体验。提高体验的目的在于给用户一些舒适的、与众不同的或意料之外的感觉。用户体验的提高使整个操作过程符合用户基本逻辑，使交互操作过程顺理成章，而良好的用户体验是用户在这个流程的操作过程中获得的便利和收获。

动态交互效果作为一种提高交互操作可用性的方法，越来越受到重视，国内外各大企业都在自己的产品中默默地加入交互动画效果。图 1-16 所示为某电商 App 的商品推荐界面，当用户在界面中滑动切换所显示的商品时，应用会采用动画的方式表现交互效果，模拟现实世界中卡片翻转切换的动画效果，给用户带来较强的视觉动感，也为用户在 App 中的操作增添了乐趣。

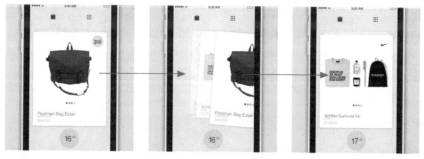

图 1-16

从心理学意义上可以将界面分为感觉和情感两个层次。界面不仅给人们带来视觉、触觉和听觉的感受，还能向人们传递情感，是一种传递情感的工具。很多人认为交互设计就是界面设计，其实并不是这样的。交互设计通常分为流程交互设计和页面呈现交互设计，界面设计中的交互设计只是交互设计的一部分，它属于页面呈现交互设计，如图 1-17 所示。界面设计和交互设计具有一定的交叉性，界面是静态的，而添加了交互设计的界面会随着用户的操作动起来。

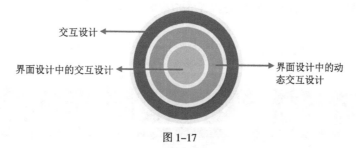

图 1-17

交互式界面设计中加入动画设计，可以很好地满足交互设计发展的趋势，大大提高界面的易用性。用户进行了一步操作后，会看到操作的表现，也就是说操作一步，就会得到一步反馈。在产品中加入动画过程，是产品对用户操作进行的合理反馈，目的在于提高其识别性。

1.4.2 优秀的动态交互效果

优秀的动态交互效果在用户操作过程中往往被无视，糟糕的动态交互效果却迫使用户去注意界面，而非内容本身。

用户都是带着明确的目的来使用你的 App 的，例如买一件商品、学习新的知识、发现新音乐或仅仅是寻找最近的吃饭地点等。他们不会只为了欣赏你精心设计的界面而来，实际上，用户根本不在意界面设计而只关心是否能方便地达到他们的目的。优秀的动态交互效果应该对用户的点击或手势给予恰当的反馈，使用户能非常方便地按照自己的意愿去掌控应用的行为，从而增强应用的使用体验。图 1-18 所示为某移动端天气应用的界面设计。界面不再运用静态的背景与文字表现形式，而采用动态表现方式，使用动画效果来模拟不同天气情况的表现效果，从而使天气信息的表现更加直观，而且也有效地增强了该天气应用的动态效果，提高了用户体验。

图 1-18

其余，优秀的动态交互效果具有以下特点：快速并且流畅；给交互以恰当的反馈；提升用户的操作感受；为用户提供良好的视觉效果。

> **专家提示**
>
> 交互动画效果的制作可以让交互设计师更清晰地阐述自己的设计理念，同时帮助程序管理人员和研发人员在评审中解决视觉上的问题。交互动画具有缜密清晰的逻辑思维、配合研发人员更好地实现效果和帮助程序管理人员更好地完善产品的优点。

1.4.3 基础动态交互效果的类型

人们平时在 App 中看到的动态交互效果其实都是由一些最基础的动态效果组合而成的，这些基础动态效果包括移动、旋转和缩放。在交互动画设计软件中，人们通常只需要设置对象的起点和终点，并在软件中设置想要实现的动态效果，设计软件便会根据这些设置去渲染出整个动画效果。

1. 移动

移动，顾名思义就是将一个对象从一个位置移动到另一个位置，如图 1-19 所示。这是最常见的一种动态效果，滑动、弹跳、振动这些动态效果都是从移动扩展而来的。

图 1-19

2. 旋转

旋转是指通过改变对象的角度，使对象产生旋转的效果，如图 1-20 所示。通常在页面加载或某个按钮被点击触发一个较长时间操作时，设计者经常使用 Loading 效果或一些菜单图标的变换，都会使用旋转动态效果。

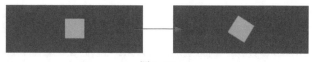

图 1-20

3．缩放

缩放动态效果在移动 App 应用中被广泛地使用，如图 1-21 所示。例如点击一个 App 图标，打开该 App 全屏界面时，应用就是以缩放的方式来展开的，还有用户通过点击一张缩略图查看具体内容时，应用通常也会以缩放的方式从缩略图过渡到满屏的大图。

图 1-21

1.4.4　缓动

自然界中大部分物体的运动都不是线性的，而是按照物理规律呈曲线性运动的。通俗点来说，就是物体运动的响应变化与执行运动的物体本身质量有关。例如，当我们打开抽屉时，首先会让它加速，然后慢下来。当某个东西往下掉时，首先是越掉越快，撞到地上后回弹，最终才又碰触地板。

优秀的动态效果应该反映真实的物理现象，如果你想表现的对象是一个沉甸甸的物体，那么其起始动画响应的变化会比较慢。反之，物体如果是轻巧的，那么其起始动画响应的变化会比较快。图 1-22 所示为对象缓动效果示意图。

图 1-22

因此，设计者要在动态交互效果中加入对象的缓动效果，从而使所制作的动态交互效果表现得更加真实、自然。

1.4.5　属性变换

属性变换是非常常见的一种动态交互效果，例如可以通过改变对象的透明度来实现对象淡入 / 淡出的动画效果等。同时我们还可以改变对象的大小、颜色、位置等几乎所有属性来体现动画效果。图 1-23 所示为某移动 App 界面的动态交互效果、当界面底部的导航栏高度减小的同时，它的透明度也相应地降低，从而表现出一种折叠的动态交互效果。

图 1-23

1.4.6 组合的动态交互效果

在大多数场景中，人们需要同时使用两种以上的动态效果，将它们有效地组合在一起，以达到更好的效果。另外人们仍然需要让动态交互效果遵循普遍的物理规律，这样才能使它们更容易被用户接受。如图 1-24 所示，某 App 界面的动态交互效果中综合运用了多种基本动态效果，包括缩放、移动、形状变化、属性变换等。通过多种动态效果的综合运用才能使界面的动态交互效果表现得更加丰富而真实。

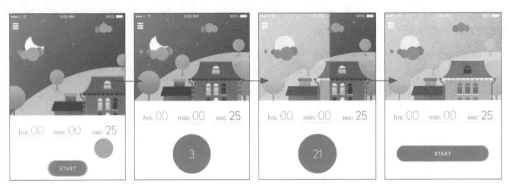

图 1-24

理想的动态效果时长应该在 0.5~1 秒，设计者在设计淡入淡出、滑动、缩放等动态效果时都应将时长控制在这个范围内。如果动态效果时长设置得太短，会让用户看不清效果，甚至更糟的是给用户造成压迫感。反过来，如果动态效果持续时间过长，又会使人感觉无聊，特别是当用户在使用 App 的过程中，反复看到同一动态效果的时候。

1.5 UI 中的动态交互效果

交互是一个很明显的动态过程，人与人之间的交互就很容易明白，你问我答，你来我往，本身就是交互。交互的双方彼此都对对方产生影响，进而影响对方下一步的反应。随着移动互联网技术的发展，智能移动设备性能的提升，动态交互效果也越来越多地被应用于实际的项目中。

1.5.1 动态交互效果的表现优势

手机、网页等等媒介都在大范围应用，为什么动态交互效果越来越吃香？它有哪些优势呢？

1．展示产品功能

动态交互效果设计可以更加全面、形象地展示产品的功能、界面、交互操作等细节，让用户更直观地了解一款产品的核心特征、用途、使用方法等细节。图 1-25 所示为通过动态交互效果来展示产品功能的设计。

图 1-25

2．更有利于品牌建设

目前许多企业或品牌的 Logo 标志已经不再局限于静态的展示效果，而采用动态效果进行表现，从而使品牌形象的表现更加生动。例如我们在电影开场前所看到的各制片公司的品牌 Logo 都是采用动态方式展现的，目前在网络中也越来越多地出现采用动态方式展示品牌 Logo 的案例，例如"爱奇艺""优酷"（见图 1-26）等视频网站。

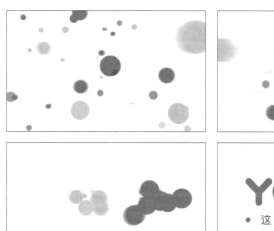
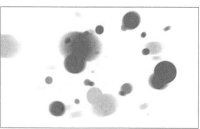

图 1-26

3．有利于展示交互原型

很多时候，设计者不能光靠嘴去解释自己的想法，设计出的静态设计图也不见得能让观者一目了然。因为很多时候，交互形式和一些动态交互效果真的很难用语言描述来说清楚，所以才会有高保真 Demo，这样就节约了很多沟通成本。图 1-27 所示为动态的交互原型设计。

图 1-27

4．增加产品的亲和力与趣味性

在产品中合理地添加动态效果，能够立即拉进与用户之间的距离，如果能在动态效果中再添加一些趣味性，就会让用户更加"爱不释手"。图 1-28 所示为动态交互效果趣味性的表现。

图 1-28

1.5.2 动态交互效果在 UI 设计中的作用

在上一节中我们已经了解了常见的基础动态效果及缓动的重要性，那么，我们为什么要使用动态交互效果呢？除了能够给用户带来酷炫的视觉效果外，动态交互效果在用户体验中其实发挥着很重要的作用。

1. 吸引用户注意力

人类天生就对运动的物体格外注意，因此 UI 界面中的动态交互效果自然是吸引用户注意力的一种很有效的方法。通过动态交互效果来提示用户操作往往比传统的"点击此处开始"这样的提示更直接，也更美观。如图 1-29 所示，在 iOS 系统的锁屏界面上，唯一的动态交互效果是界面下方的"滑动解锁"几个字运动的高光，这种动态交互效果尽管很细微，但还是能够引起用户的注意的。如图 1-30 所示，用户在 iOS 系统中轻触 Safari 的地址栏时，界面发生了 3 个变化：地址栏变窄，右侧出现 Cancel 按钮；界面中出现书签；界面下方弹出键盘。这几个动画中，幅度最大的动作是弹出键盘，从而把用户的注意力吸引到键盘上，有利于进行下一步的操作。

通过动态交互效果吸引用户注意，同时也在引导用户滑动的方向。

图 1-29　　　　　　　　　　　　　　　　　　图 1-30

2. 为用户提供操作反馈

在智能移动设备的屏幕上点按虚拟元素，不像按下实体按钮一样能够感觉到明确的触觉反馈。此时，动态交互效果就成为一种很重要的反馈途径。有些动态交互效果反馈非常细微，组合起来却能传达很复杂的信息。如图 1-31 所示，在 Android Material Design 设计语言中，界面元素会伴随着用户轻触呈现圆形波纹，从而给用户以有效的提示反馈。如图 1-32 所示，在 iOS 系统的输入解锁密码界面中，当用户输入解锁密码出错时，数字键上方的小圆点会来回晃动，模仿摇头的动作来提示用户重新输入。

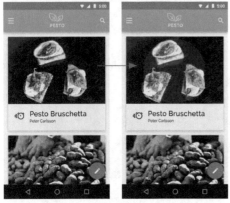

图 1-31　　　　　　　　　　　　　　　　　　图 1-32

3. 加强指向性

如果查看照片、进入聊天等移动页面的切换有合理的动态交互效果，就能帮助用户建立很好的方向感，就像设计合理的公路和路标能帮助人们认路一样。图 1-33 所示为一个常见的商品列表界面。当用户轻触某个商品图像后，图像被放大并被呈现于屏幕正中。这样就建立了放大的图片与列表中缩略图的联系，用户能很确信现在打开的图片就是自己点击的那张。相应地，点击返回或弹出窗口的关闭按钮，图片就缩小到列表上的位置，指引用户找到浏览的位置。

图 1-33

> **专家提示**
>
> 　　这种保持内容上下文关系的缩放动态交互效果在 iOS 系统的很多界面中都能被见到，例如主屏幕的文件夹、日历、相册和 App 切换界面等。

4．传递信息深度

　　动态交互效果除了可以表现元素在界面上的位置、大小的变化，还可以用来表现元素之间的层级关系。借助陀螺仪和加速度传感器，界面元素之间产生微小的位移从而产生视差效果，这样可以将不同层级的元素区分开来。图 1-34 所示为采用 iOS 系统的 iPhone 手机主屏幕的视差效果。这样的效果是如何产生的呢？元素"距离"屏幕"越远"，由运动带来的位移就越大，当多层元素同时运动时，就可以产生视差的错觉了。这种手法在动画片和横向滚动的游戏（如超级玛丽）中经常用到。

图 1-34

> **专家提示**
>
> 　　通过以上对动态交互效果在 UI 设计中的作用的分析，我们应该认识到，不能把动态交互效果作为让产品酷炫的手段，也不能把它当作产品的某种功能或亮点。动态交互效果是为用户使用产品的核心体验服务的，只有设计好产品的核心体验并合理使用动态交互效果，才能最大程度地发挥其优势。

1.5.3　如何实现简单的动态交互效果

优秀的动态交互效果设计在提升产品体验、用户黏性方面发挥了积极作用，已经成为当下 Web 和 App 产品交互设计和界面设计必不可少的元素。那么，我们可以通过哪些软件来实现简单的动态交互效果呢？

1．After Effects

After Effects 简称 AE，是目前最热门的交互动画设计软件（见图 1-35）。After Effects 的功能非常强大，基本上想要的功能都有，UI 动态交互效果其实只使用了该软件中很小一部分功能，要知道很多美国大片都是通过它来进行后期合成制作的，配合 Photoshop 和 Illustrator 等软件，设计更是得心应手。本书第 2 章将详细介绍这个软件。

2．Photoshop

可能很多人都认为 Photoshop（2017 版启动界面见图 1-36）只是用来作图和处理图像的，并不知道 Photoshop 也可以制作动画。当然，Photoshop 只能通过其时间轴来制作一些比较简单的 GIF 动画效果，Photoshop CS6 版本加入了视频时间轴功能，这样设计者可以快速完成简单的交互效果，如移动、变换、图层样式等。

图 1-35

图 1-36

Photoshop 中的时间轴动画存在以下弊端：时间轴总时长只有 5 秒，在新版本中不能延长时间；不支持围绕点旋转，只支持中心对称旋转，这会造成一些不便；效果样式较少，一些复杂的效果难以实现；动画效果生硬，没有缓动效果，整体动画效果违和感强烈。

3．Flash

Flash（见图 1-37）被非常普遍地应用于以前的联网动画，可以说是过去交互动画的王者，但是其缺点也非常明显：Flash 动画的播放需要有浏览器插件的支持，并且随着移动互联网的发展，Flash 动画在移动商用的弊端越发明显，而随着 HTML5 和 CSS3 等新技术的崛起，Flash 目前已经基本处于被淘汰的边缘，这里不做过多解释。

图 1-37

> **专家提示**
>
> 除了以上 3 个大家比较熟悉的软件之外，使用其他一些小软件同样能制作交互动画效果，如 Pixate、Origami、Hype 3、Flinto、Principle 和 CINEMA 4D 等。这些软件都有其独特的优点，但大多数都只有英文版，感兴趣的读者可以查找相关资料进行深入了解。

1.6　动态交互效果在用户体验中的应用

当用户打开一个界面时，注意力首先会被动态的物体吸引，然后才会转向颜色对比强的部分，最后才是形状。这一过程是人在进化过程中形成的本能反应，基本适用所有用户。同时一个非常重要且容易被忽略的情况是：用户的注意力是有限的且越来越少，如果界面中的动态交互效果过多，用户会感觉非常杂乱。

1.6.1　为什么要添加动态交互效果

在设计动态交互效果之前，设计者首先需要考虑为什么要添加动态交互效果。可以通过以下几个方面来衡量一个动态交互效果是否应该出现。

1．动态交互效果是否会影响产品的性能

首先，要考虑这个动态交互效果是否会影响产品的性能。这是最重要的，添加任何动态交互效果前都要考虑是否会影响产品的性能，如果一个很酷炫的动态交互效果会拖累性能，使体验变得不流畅，就必须毫不犹豫地砍掉或简化。图 1-38 所示为某穿越情景的过场动画。随着年份的倒转，背景出现各个历史大事件，给人以历历在目的感觉。设计者考虑到多张图片会出现卡顿的可能性，所以特意降低了每张图的清晰度，因为内容本身就是老照片的风格，所以这种降低画质的手法反而增强了画面的真实感。

图 1-38

2．所添加的动态交互效果是否能提高产品的可用性

任何动态交互效果的出现都必须带有明确的目的性，能解决用户在使用过程中的困惑，而不是炫技。单纯的炫技只会分散用户的注意力，弱化内容，从而获得适得其反的效果。如图 1-39 所示，在该移动 App 注册界面的设计中，设计师为底部的操作按钮设计了上滑提示的动态交互效果。不需要过多的解释，用户一看就知道该做什么。这种增加产品可用性的动态交互效果是非常有意义的。

图 1-39

3．所添加的动态交互效果是否能使产品表现出独特的气质

这里所说的气质是指动态交互效果本身会有助于增强用户对产品的认知和情绪带入。一个相得益彰的动态交互效果会为产品锦上添花，深化主题和功能。需要注意的是，所添加的动态交互效果一定是与主题相关

的，牵强的搭配只会让人觉得莫名其妙，毫无意义。图1-40所示为某App的主题介绍界面。4根火柴依次燃烧，慢慢燃尽，很切合地体现了生老病死的主题。动画的方式更好地烘托主题氛围的表现。

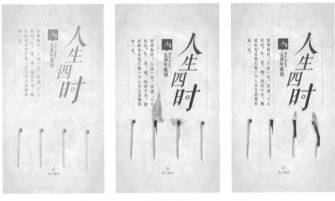

图 1-40

1.6.2　哪些地方适合添加动态交互效果

在明确了为什么要添加动态交互效果之后，我们还需要明确通常应该在移动应用的哪些地方使用动态的表现效果。

1．加载

无论是网页还是移动应用，都不可避免地会出现让用户等待的情况，在等待的过程中，为了让用户知道他的手机没有死机、网络是通畅的，设计者就要加入一些与主题相关的动态交互效果，来提醒用户内容正在加载中。图1-41所示为某服饰类App应用的加载界面。它增加有趣的页面加载动态交互效果，融入服饰元素，体现出该App应用的特点，也使加载等待不再枯燥。图1-42所示为某活动类H5加载界面，因为该活动的主题为"穿越历史"，所以设计师在设计加载界面的时候选用了虫洞的理念，并加入动态效果设计，与内容本身紧密贴合。

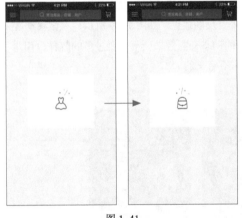

图 1-41

图 1-42

2．刷新

在移动端应用中，设计者通常采用下拉的方式对界面内容刷新，最基础的刷新动态交互效果是一个转动的圆圈。如果可以根据该App的特点设计独特的刷新动画效果，是不是能够给用户带来不一样的体验呢？图1-43所示为某移动电商App的界面刷新动态交互效果，融入女性时尚购物元素，体现该移动App的特点。另外，设计者还可以根据运营需要在节日、大型促销活动等更新符合主题的动态交互效果。图1-44所示为某移动电商App的商品列表页面的刷新动态交互效果，这种商品列表页面的刷新动态交互效果通常需要采用简约、时尚的视觉风格。

图 1-43　　　　　　　　　　　　　　　　　　　图 1-44

3．滚屏

　　滚屏加载动画效果与页面刷新动画效果非常相似，当某个界面的内容不止一屏时，通常人们都会向上滑动页面，从而浏览更多的内容。在滑动页面后与内容完成加载之间，设计者可以通过简短的动画效果告知用户正在加载更多的内容，给用户心理上的暗示。图 1-45 所示为某移动电商 App 的商品列表页面的滚屏加载动态交互效果，与该 App 的下拉刷新采用了相似的动态交互效果，从而保持了 App 整体风格的统一。图 1-46 所示为某移动电商 App 的商品列表页面的列表到底提示动画。列表到底连续上滑，会出现拟人的有趣提示文案，给人轻松、有趣的印象。

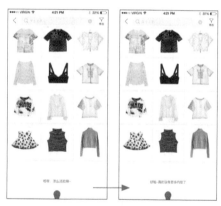

图 1-45　　　　　　　　　　　　　　　　　　　图 1-46

4．转场

　　转场是指产品中从一个界面转换到另一个界面之间的过渡，有意义的转场动画效果会降低产品的割裂感，使产品界面的过渡表现得更加流畅、自然。如图 1-47 所示，设计者在产品宣传 H5 界面的切换过渡中应用了转场动画效果。元素在默认的界面中会做上下浮动的效果，当人们向上滑动页面进行内容切换时，元素很自然地做了一个向上逐渐淡出的动画效果，第 2 个界面中的元素内容则有入场动画效果，界面的动画转场效果非常自然，没有割裂感。如图 1-48 所示，

图 1-47

通过缩放的方式进行界面转场过渡也是一种非常常见的转场动画形式。例如，在该电商 App 中，当用户单击

某个商品图片后，该商品图片会逐渐放大过渡到该商品的详细介绍界面；当单击界面左上角的"返回"按钮时，商品图片会逐渐缩小过渡到上一级界面。

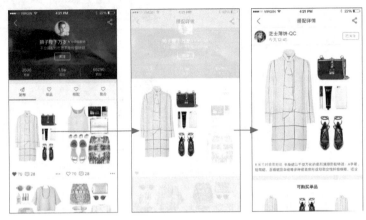

图 1-48

5．营造氛围

许多活动界面或 H5 宣传界面常常需要通过动画的形式来营造相应的气氛，从而满足用户的心理需求，例如节日、游戏活动等产品，是需要一些动态效果去满足用户心理需求的。人们在微信聊天界面中发送"生日快乐"是会掉下生日蛋糕的，这个动态效果就比干巴巴的文字有趣多了。

图 1-49 所示为某活动 H5 宣传界面。设计者在界面的背景中设计了满天飘落的雪花动画效果，漫天大雪勾起人们的思乡之情，衬托主题的表现。如图 1-50 所示，设计者在天气类 App 的背景中通常也会使用动态交互效果来表现当前的天气状况，给人一种非常直观的视觉印象。

图 1-49

图 1-50

> **专家提示**
>
> 需要注意的是，过长的、冗余的动态效果会影响用户的操作，更严重的是可能引起用户负面的体验。因此，恰到好处地掌握动态效果的时间长度也是合理使用动态效果的必备技能之一。

1.6.3　如何表现动态交互效果

前面已经向大家介绍了在哪些地方适合添加动态效果，那么应该如何表现动态效果呢？除了基础动画表现方式外，主要有以下几种方式。

1．基于真实形态的模拟

基于现实生活中对象的真实形状所模拟出来的动画效果，能给人一种自然流畅、符合运动规律的感觉，例如物体运动时的缓动现象。图 1-51 所示为某文字书写的动画效果，笔画的动势是有快、有慢的，模拟了人们在写字时起笔、收笔的那种节奏感，所以看起来是自然真实的。

图 1-51

2．人物动作夸张化

在 H5 的设计中，设计者经常会使用各种各样的人物形象。夸张的人物动作会使作品的形象更加生动，增加趣味性，给用户以惊喜。如图 1-52 所示，阿里云·数加的 H5 宣传界面采用卡通的表现方式，搭配幽默的顺口溜主题，给人一种轻松、诙谐的印象。同时，在每个界面的设计中设计者根据主题的不同设计了不同的夸张人物动作，给用户留下深刻的印象。

图 1-52

3．为元素赋予弹性

有弹性的物体会让用户觉得具有生命感和真实性，弹的程度取决于设计者对元素软硬度的设定。如图 1-53 所示，某天气 App 界面不仅在背景部分通过天气动画的形式来表现天气状况，并且下方未来几天的天气状况也采用了位移入场的动画形式，按照元素缓动的原理，为内容赋予弹性处理，使动画效果的表现更加真实。

图 1-53

4. 蒙太奇

蒙太奇手法是指通过快速切换的画面来形成一种奇妙的后现代感觉。如图 1-54 所示,某品牌宣传 H5 页面采用蒙太奇的表现手法。多品牌图片的快速切换具有很强的节奏感,给人一种非常炫酷、时尚的感觉。

图 1-54

专家提示

　　其实,设计者还可以采用其他表现动画效果的方式。建议读者平时多留意观察和体会,掌握更多的方式。

1.7 本章小结

　　本章向读者介绍了 UI 设计及动态交互效果相关的基础知识。通过本章的学习,读者能对交互动画设计有更加深入的认识和理解,从而为后面学习制作各种不同类型的交互动画效果打下良好的基础。

第2章 After Effects CC 软件基础

After Effects 是 Adobe 公司新推出的一款后期效果制作软件。随着计算机技术水平的提高，After Effects 不再仅仅局限于影视和后期效果的制作，由于其自身具有的特效能给用户带来想要的效果，并且输出文件具有高保真的特性，在目前流行的动态交互设计中被广泛使用，虽然 After Effects 最终输出的是视频格式动画文件，但是将其与 Photoshop 相结合，即可输出 GIF 格式的动画文件，满足交互设计者的需求。

◎ 本章知识点

- 了解 After Effects 软件及其应用领域。
- 掌握 After Effects 软件的基本操作。
- 认识并掌握 After Effects "时间轴"面板的操作。
- 认识并掌握蒙版的创建和使用方法。
- 掌握 After Effects 与 Photoshop 相结合输出 GIF 动画的方法。
- 认识 After Effects 软件的工作界面及其各部分的作用。
- 认识和操作 After Effects 图层。
- 理解并掌握关键帧的操作方法。

2.1 After Effects 基础知识

After Effects 可以帮助用户高效、精确地创建精彩的动态图形和视觉效果。After Effects 在各个方面都具有优秀的性能，不仅能够广泛支持各种动画文件格式，还具有优秀的跨平台能力。After Effects 作为一款优秀的视频特效处理软件，经过不断地发展，在众多行业中已经得到了广泛的使用。

2.1.1 After Effects 简介

After Effects 目前的最新版本是 After Effects CC 2017。After Effects 是制作动态影像设计不可或缺的辅助工具，是视频后期合成处理的专业非线性编辑软件。After Effects 应用范围广泛，涵盖视频短片、电影、广告、多媒体以及网页等。

After Effects 支持无限个图层，它能够直接导入 Illustrator 和 Photoshop 文件。After Effects 也有多种插件，其中包括 Meta Tool Final Effect，它能够提供虚拟移动图片及多种类型的粒子系统，使用它还能创造出独特的迷幻效果。

Photoshop 中的图层的引入，使 After Effects 可以对多层的合成图片进行控制，制作出天衣无缝的合成效果。关键帧、路径的引入，对控制高级的二维动画来说是一个很有效的解决途径。高效的视频处理系统，也确保了高质量视频的输出。

2.1.2 After Effects 的应用领域

随着社会的进步、科技的发展，电视、计算机、网络、移动多媒体等媒体设备越来越广泛地进入人们的生活中。每天人们都通过不同的媒体了解多彩的新闻时事、生活资讯、娱乐节目，这已经成为人们生活不可缺少的一部分。正因为有了这些载体，影视后期处理的发展越来越快，影视后期处理软件的应用领域也越来越广泛。After Effects 的应用领域主要有以下几个。

1. 电影特效

20 世纪 60 年代开始，电影逐渐运用计算机技术，一个全新的电影世界展现在人们面前，这也是一次电影的革命。越来越多的计算机制作的图像被运用到电影作品中，其视觉效果的魅力有时已经大大超过电影故事的本身。电影的另一特性便是作为一种视觉传媒而存在的。

在最初由部分使用计算机特效的电影作品向全部由计算机制作的电影作品转变的过程中，人们已经看到了其在视觉冲击力上的不同与震撼。如今，人们已经很难发现在一部电影中没有任何的计算机特效元素。图2-1 所示为 After Effects 在电影特效方面的应用。

图 2-1

2. 影视动画

影视后期特效在影视动画中的应用是有目共睹的，没有后期特效的支持，就没有影视动画的存在。在如今靠视听特效来吸引观众眼球的动画片中，无处不存在影视后期特效的身影。可以说，每部影视动画都是一次后期特效视听盛宴。图 2-2 所示为 After Effects 在电影特效方面的应用。

图 2-2

3. 电视栏目及频道片头

在信息化的时代中，影视广告是传播产品信息的首选，同时也是企业树立形象的重要手段。运用数十秒的时间将企业、产品、创意、艺术有机地结合在一起，可以达到图、文、声并茂的特点，传播范围广，也易被大众接受，这是平面媒体所无法取代的。涵盖电视栏目包装、频道包装和企业形象包装等功能的后期特效已经越来越多地为市场所接受。图2-3 所示为 After Effects 在电视栏目及频道片头方面的应用。

4. 城市形象宣传片

城市形象就是一座城市的无形资产，是一个城市综合竞争力不可或缺的要素。影视后期

图 2-3

特效合成在城市形象宣传片中的应用，在树立良好的城市形象、有力地提升城市品位、激发城市可持续发展的能力等方面发挥了重要作用。图 2-4 所示为 After Effects 在城市形象宣传片方面的应用。

图 2-4

5．产品宣传广告

产品宣传广告主要是针对产品制作的动态影视特效，一般用在公众电视媒体、电视传媒、网络媒体等方面。产品宣传广告如同一张产品名片，但其图、文、声并茂，使人一目了然，无须向客户展示大段的文字说明，也避免了反复、枯燥无味的介绍。图 2-5 所示为 After Effects 在产品宣传广告方面的应用。

图 2-5

6．企业宣传片

相对于静止的画面来说，人们当然喜欢动态的影像作品，因而现在越来越多的企业希望自己的企业或者产品宣传动起来。用数码摄像机拍摄，然后使用后期软件合成，制作成光盘，或者通过网络将动态影像通过各种渠道传播出去，效果好，成本低。

如果将实拍视频、解说、字幕、动画等技术结合起来，企业宣传片就会具有强大的表现力和感染力。从前期策划、脚本创作、拍摄、剪辑、配音、配乐，到后期光盘压制等全方位的影像动画制作服务已经是大多数影视广告公司的制胜法宝。此类专题片制作有企业形象介绍、公司品牌推广、产品品牌宣传、纪录片等。图 2-6 所示为 After Effects 在企业宣传方面的应用。

图 2-6

7．动态交互设计

随着交互设计的发展，动态交互设计的制作要求变得更高；相对于动画的效果，要求的不再只是简单的图片切换。交互设计师为满足广大用户群体的需求，逐渐由原本使用 Flash 软件制作交互动画转向使用 After Effects 制作交互动画。After Effects 制作的交互动画更完美，更能表现设计师的设计理念，还可以实现一些原本 Flash 无法实现的效果，这样一来，设计师与开发人员的沟通合作变得更加便捷。从整体上来看，After Effects 更能充分满足广大用户群体的需求。图 2-7 所示为 After Effects 在动态交互设计方面的应用。

图 2-7

2.2 After Effects 工作界面

After Effects CC 是现代交互动画设计的主流软件之一。在使用 After Effects 进行交互动画设计之前，设计者不仅要了解交互设计的理念，还要掌握其制作软件的使用方法。本节将带领读者全面认识 After Effects 工作界面。

2.2.1 After Effects 工作界面简介

After Effects 的工作界面越来越人性化，界面中的各个窗口和面板被集合在一起，不是单独的浮动状态，这样用力在操作过程中免去拖来拖去的麻烦。启动 After Effects CC，可以看到全新的 After Effects CC 工作界面，如图 2-8 所示。

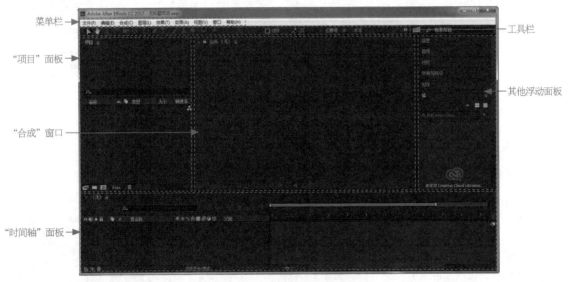

图 2-8

菜单栏：After Effects 根据功能和使用目的将菜单命令分为 9 类，每个菜单项中包含多个子菜单命令。

工具栏：包含 After Effects 中的各种常用工具，所有工具均是针对"合成"窗口进行操作的。

"项目"面板：用来管理项目中的所有素材和合成，在"项目"面板中可以很方便地进行导入、删除和编辑素材等相关操作。

"合成"窗口：动画效果的预览区，允许用户直观地观察要处理的素材文件的显示效果。如果要在该窗口中显示画面，首先需要将素材添加到"时间轴"中，并将时间滑块移动到当前素材的有效帧内。

"时间轴"面板："时间轴"面板是 After Effects 工作界面中非常重要的组成部分，是进行素材组织的主要操作区域，主要用于管理层的顺序和设置动画关键帧。

其他浮动面板：显示 After Effects CC 中常用的面板，用于配合动画效果的处理制作，可以通过在窗口菜单中执行相应的命令，在工作界面中显示或隐藏相应的面板。

2.2.2　切换工作界面

After Effects 中有多种工作界面，包括标准、所有面板、效果、浮动面板、简约、动画、文本、绘画和运动跟踪等。不同的界面适合不同的工作需求，用户使用起来更加方便快捷。

如果需要切换 After Effects 的工作界面，可以执行"窗口 > 工作区"命令，在该命令的下级菜单中选择相应的命令，即可切换到对应的工作区，如图 2-9 所示。也可以在工具栏上的"工作区"下拉列表中选择相应的选项（见图 2-10），以切换到对应的工作区。

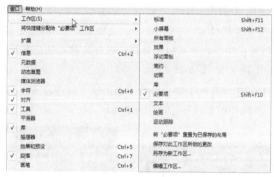

图 2-9

图 2-10

2.2.3　工具栏

执行"窗口 > 工具"命令或者按组合键 Ctrl+1，可以在工作界面中显示或隐藏工具栏。工具栏包含常用的编辑工具，使用这些工具可以在"合成"窗口中对素材进行编辑操作，如移动、缩放、旋转、绘制图形和输入文字等。After Effect 中的工具栏如图 2-11 所示。

图 2-11

"选择工具"：使用该工具，可以在"合成"窗口中选择和移动对象。

"手形工具"：当素材或对象被放大超过窗口的显示范围时，可以使用该工具在窗口中拖动，以查看超出部分。

"缩放工具"：使用该工具，在"合成"窗口中单击可以放大显示比例，按住 Alt 键不放，在"合成"窗口中单击可以缩小显示比例。放大的组合键为 Ctrl++，缩小的组合键为 Ctrl+-。

"旋转工具"：使用该工具，可以在"合成"窗口中对素材进行旋转操作。

"统一摄像机工具"：在建立摄像机后，该按钮被激活，可以使用该工具操作摄像机。单击该工具按钮不放，程序将显示出其他 3 个工具，分别是"轨道摄像机工具""跟踪 XY 摄像机工具"和"跟踪 Z 摄像机工具"，如图 2-12 所示。

"向后平移（锚点）工具"：使用该工具，可以调整对象的轴心点位置。

"矩形工具"：使用该工具，可以创建矩形蒙版。单击该工具按钮不放，程序将显示出其他 4 个工具，分别是"圆角矩形工具""椭圆工具""多边形工具"和"星形工具"，如图 2-13 所示。

"钢笔工具" ：使用该工具，可以为素材添加不规则的蒙版图形。单击该工具按钮不放，程序将显示出其他 4 个工具，分别是"添加'顶点'工具""删除'顶点'工具""转换'顶点'工具"和"蒙版羽化工具"，如图 2-14 所示。

图 2-12

图 2-13

图 2-14

"横排文字工具" **T**：使用该工具，可以为合成图片添加文字，支持文字的特效制作，功能强大。单击该工具按钮不放，程序将显示出另一个"直排文字工具"，如图 2-15 所示。

"画笔工具"：使用该工具，可以对合成图片中的素材进行编辑绘制。

"仿制图章工具"：使用该工具，可以复制素材中的像素。

"橡皮擦工具"：使用该工具，可以擦除多余的像素。

"Roto 笔刷工具"：使用该工具，可以帮助用户在正常时间片段中独立出移动的前景元素。单击该工具按钮不放，程序将显示出另一个"调整边缘工具"，如图 2-16 所示。

"操控点工具"：使用该工具，可以帮助确定动画的关节点位置。单击该工具按钮不放，程序将显示出其他两个工具，分别是"操控叠加工具"和"操控扑粉工具"，如图 2-17 所示。

图 2-15

图 2-16

图 2-17

2.2.4 After Effects 中的工具面板

After Effects 工作界面有很多面板，其中"项目"面板、"合成"窗口和"时间轴"面板等是人们在交互动画设计制作过程中使用频率最高的几个面板。

1．"项目"面板

"项目"面板主要用于组织、管理项目中所使用的素材。交互动画中所使用的素材都要先导入"项目"面板中。用户在该面板中可以对素材进行预览。"项目"面板如图 2-18 所示。

素材预览：此处显示的是当前所选中素材的缩略图，以及尺寸、颜色等基本信息。

搜索栏：在"项目"面板中有较多的素材、合成或文件夹时，可以通过搜索栏快速查找所需要的素材。

素材列表：该列表显示当前项目中的所有素材。

"解释素材"按钮：单击该按钮，可以设置选择素材的透明通道、帧速率、上下场、像素及循环次数。

"新建文件夹"按钮：单击该按钮，可以在"项目"面板中新建一个文件夹。

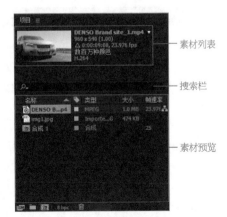

图 2-18

"新建合成"按钮：单击该按钮，可以在"项目"面板中新建一个合成。

"删除所选项目项"按钮：单击该按钮，可以在"项目"面板中将当前选中的素材删除。

2．"合成"窗口

"合成"窗口是动画效果的预览区域，在进行动画项目的安排时，它是最重要的窗口，用户在该窗口中可以预览编辑时每一帧的效果。如果要在"合成"窗口中显示画面，首先需要将素材添加到"时间轴"上，并将时间滑块移动到当前素材的有效帧内才可以显示，如图 2-19 所示。

图 2-19

当前显示的合成：在该选项下拉列表中可以选择需要显示的合成，或者对合成进行关闭、锁定等操作。

"始终预览此视图"按钮 ：当该按钮呈现按下状态时，用户可以始终预览当前视图的效果。

"主查看器"按钮 ：当该按钮呈现按下状态时，用户将在"合成"窗口中预览项目中的音频和外部视频效果。

放大率 ：在该选项的下拉列表中可以选择"合成"窗口的视图显示比例。

"选择网格和参考线选项"按钮 ：单击该按钮，在弹出菜单中选择相应的选项，可以在"合成"窗口中显示相应的标尺、网格等。

"切换蒙版和形状路径可视性"按钮 ：单击该按钮，可以切换视图中蒙版和形状路径的可视性。默认情况下，该按钮为按下状态。

"预览时间"选项 ：显示当前预览时间，单击该选项，程序将弹出"转到时间"对话框，用户可以设置当前时间指针的位置。

"创建快照"按钮 ：单击该按钮，可以捕捉当前视图并创建快照。

"显示快照"按钮 ：单击该按钮，可以在视图中显示最后创建的快照。

"显示通道及色彩管理设置"按钮 ：单击该按钮，可以在弹出菜单中选择需要查看的通道，或者进行色彩管理设置。

"分辨率 / 向下采样系数"选项 ：在该选项的下拉列表中可以选择"合成"窗口中所显示内容的分辨率，如图 2-20 所示。

"目标区域"按钮 ：单击该按钮，可以在视图中拖曳出一个矩形框。可以将该矩形区域作为目标区域。

"切换透明网格"按钮 ：当该按钮呈现按下状态时，程序将以呈明网格的形式显示视图中的透明背景。

"3D 视图"选项 ：在该选项的下拉列表中可以选择一种 3D 视图的视角，如图 2-21 所示。

"选择视图布局"选项 ：在该选项的下拉列表中可以选择一种"合成"窗口的视图布局的方式，如图 2-22 所示。

"切换像素长宽比校正"按钮 ：当该按钮呈现按下状态时，只可以对素材进行等比例的缩放操作。

"快速预览"按钮 ：单击该按钮，可以在弹出菜单中选择一种在"合成"窗口中进行快速预览的方式，如图 2-23 所示。

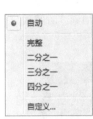

图 2-20　　　　　　图 2-21　　　　　　图 2-22　　　　　　图 2-23

"时间轴"按钮 ：单击该按钮，自动选中当前工作界面中的"时间轴"面板。

"合成流程视图"按钮 ：单击该按钮，可以打开"流程图"窗口，创建项目的流程图。

"调整曝光度"选项与"重置曝光度"按钮 ：在曝光度数值上单击并左右拖动鼠标可以调整"合成"窗口中的曝光度效果；单击"重置曝光度"按钮，可以将"合成"窗口的曝光度重置为默认值。

3．"时间轴"面板

"时间轴"面板是 After Effects 工作界面的核心组成部分，动画与视频编辑工作的大部分操作都是在该面板中进行的，它是进行素材组织和主要操作区域。当添加不同的素材后，用户会看到多层效果，然后通过层的控制来完成动画的制作，如图 2-24 所示。

图 2-24

"当前时间"选项 ：显示"时间轴"面板中当前播放指示头所处的时间位置。

"合成微型流程图"按钮 ：单击该按钮可以合成微型流程图。

"草图 3D"按钮 ：当该按钮呈现按下状态时，三维图层中的内容将以 3D 草稿的方式显示，从而加快显示的时间。

"隐藏为其设置了'消隐'开关的所有图层"按钮 ：单击该按钮，可以同时隐藏"时间轴"面板中所有设置了"消隐"开关的图层。

"为设置了'帧混合'开关的所有图层启用帧混合"按钮 ：单击该按钮，可以同时为"时间轴"面板中设置了"帧混合"开关的所有图层启用帧混合。

"为设置了'运动模糊'开关的所有图层启用运动模糊"按钮 ：单击该按钮，可以同时为"时间轴"面板中设置了"运动模糊"开关的所有图层启用运动模糊。

"图表编辑器"按钮 ：单击该按钮，可以将"时间轴"面板切换到图层编辑器状态，允许用户通过图表编辑器的方式来设置时间轴动画效果。

4．"信息"面板

"信息"面板主要显示素材的相关信息，上部主要显示 RGB 值、Alpha 通道值、鼠标在"合成"窗口中的坐标位置；下部根据选择素材的不同，主要显示素材的名称、位置、持续时间、出点和入点等信息，如图 2-25 所示。

5．"音频"面板

用户可以在"音频"面板中对项目中的音频素材进行控制，实现对音频素材的编辑（见图 2-26）。执行"窗口 > 音频"命令或按组合键 Ctrl+4，可以打开或关闭"音频"面板。

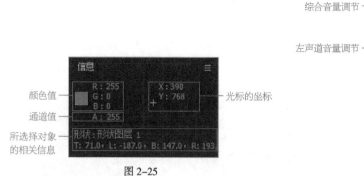

颜色值
通道值
所选择对象
的相关信息

图 2-25

综合音量调节
左声道音量调节
右声道音量调节

图 2-26

6."预览"面板

"预览"面板主要是对合成内容进行预览操作,并且可以控制素材的播放与停止,还可以进行预览的相关设置,如图 2-27 所示。执行"窗口 > 预览"命令,或按组合键 Ctrl+3,可以打开或关闭"预览"面板。

7."效果和预设"面板

"效果和预设"面板包含"动画预设""抠像""模糊和锐化""通道""颜色校正"等多种特效,是进行视频编辑处理的重要部分,主要针对时间轴上的素材进行特效处理。一般常见的特效都可以使用"效果和预设"面板中的特效来完成的,如图 2-28 所示。

图 2-27　　　　　图 2-28

2.3　After Effects 基本操作

如果需要使用 After Effects 软件来制作交互动画,就必须先在 After Effects 中创建一个新的项目,这也是 After Effects 的最基本操作之一,只有创建了项目,才能在项目中进行其他的编辑工作。本节将向读者介绍 After Effects 的基本操作。

2.3.1　创建项目文件

在创建新项目文件的时候,After Effects 软件与其他软件有一个明显的区别,就是在使用 After Effects 创建新项目文件后,并不可以在项目中直接进行动画的编辑操作,还需要先在该项目文件中创建合成。

执行"文件 > 新建 > 新建项目"命令,或者按组合键 Ctrl+Alt+N,即可创建一个新的项目文件,如图 2-29 所示。执行"合成 > 新建合成"命令,或者按组合键 Ctrl+N,程序将弹出"合成设置"对话框,如图 2-30 所示。

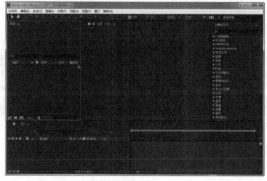

图 2-29　　　　　　　　　　　图 2-30

在"合成设置"对话框中设置合成名称、尺寸大小、帧速率、持续时间等，单击"确定"按钮，即可创建一个合成文件。用户可以在"项目"面板中看到刚创建的合成，如图 2-31 所示。此时，"合成"窗口和"时间轴"面板都变为可操作状态，如图 2-32 所示。

图 2-31　　　　　　　　　　　　　　　　　　　图 2-32

专家提示

　　完成项目中合成的创建后，在编辑制作过程中，如果需要对合成的相关设置选项进行修改，可以执行"合成 > 合成设置"命令，或按组合键 Ctrl+K，在弹出的"合成设置"对话框中对相关选项进行修改。

2.3.2　保存和关闭文件

用户在对项目进行操作的过程中，需要随时保存项目文件，防止出现程序出错或发生其他意外情况而带来不必要的麻烦。

After Effects 的"文件"菜单提供了多个用于保存文件的命令，如图 2-33 所示。

如果是新创建的项目文件，执行"文件 > 保存"命令，或者按组合键 Ctrl+S，在弹出的"另存为"对话框（见图 2-34）中进行设置，单击"保存"按钮，即可将文件保存。如果该项目文件已经被保存过一次，那么执行"保存"命令时不会弹出"另存为"对话框，而是直接将原来的文件覆盖。

图 2-33

图 2-34

当用户想要关闭当前项目文件时，可以执行"文件 > 关闭"命令或执行"文件 > 关闭项目"命令。如果当前项目是已经保存过的文件，则可以直接关闭该项目文件；如果当前项目是未保存的或者做了某些修改而未保存的，则系统将会弹出提示窗口（见图 2-35），提示用户是否需要保存当前项目或已做修改的项目。

图 2-35

2.3.3　导入素材

在 After Effects 中进行动画设计制作过程中，通常需要使用外部的素材文件，这时就需要将素材导入"项目"面板中。After Effects 支持导入多种不同格式的素材文件。

1．导入单个素材

在 After Effects 中，执行"文件 > 导入 > 文件"命令，或按组合键 Ctrl+I，在弹出的"导入文件"对话框（见图 2-36）中选择需要导入的素材，单击"打开"按钮，即可将该素材导入"项目"面板中，如图 2-37 所示。

图 2-36　　　　　　　　　　　　　　　　图 2-37

专家提示

视频和音频素材文件的导入方法与不分层静态图片素材的导入方法相同，导入后同样显示在"项目"面板中。

2．导入多个素材

执行"文件 > 导入 > 文件"命令，在弹出的"导入文件"对话框中按住 Ctrl 键的同时逐个单击需要导入的素材文件（见图 2-38），单击"打开"按钮，即可同时导入多个素材文件。用户可以在"项目"面板中看到导入的多个素材文件，如图 2-39 所示。

图 2-38　　　　　　　　　　　　　　　　图 2-39

3．导入素材序列

序列文件是指若干张按顺序排列的图片组成的一个图片序列，每张图片代表一个帧，用来记录运动的影像。

执行"文件 > 导入 > 文件"命令，在弹出的"导入文件"对话框中选择顺序命名的一系列素材中的第 1 个素材，并且勾选对话框下方的"PNG 序列"复选框（见图 2-40），单击"打开"按钮，即可将图像以序列的形式导入，一般导入后的序列图像为动态文件。用户可以在"项目"面板中看到导入的素材序列，如图 2-41 所示。

图 2-40　　　　　　　　　　　　　　　　图 2-41

4．导入 PSD 素材文件

在 After Effects 中，不分层的静态素材的导入方法基本相同，但是想要做出丰富多彩的视觉效果，单凭不分层的静态素材是不够的，人们通常都会在专业的图像设计软件中设计效果图，再导入 After Effects 中制作动画效果。

在 After Effects 中可以直接导入 PSD 或 AI 格式的分层文件，在导入过程中可以设置如何对文件中的图层进行处理，是将图层合并为单一的素材，还是保留文件中的图层。

执行"文件 > 导入 > 文件"命令，在弹出的"导入文件"对话框中选择一个需要导入的 PSD 文件，单击"导入"按钮，弹出设置对话框，如图 2-42 所示。在"导入种类"选项下拉列表中可以选择将 PSD 文件导入为哪种类型的素材，如图 2-43 所示。

图 2-42

图 2-43

素材：如果选择"素材"选项，在该对话框中可以选择将 PSD 文件中的图层进行合并后再导入为静态素材，或者是选择 PSD 文件中某个指定的图层，将其导入为静态素材。

合成：如果选择"合成"选项，则可以将所选择的 PSD 文件导入为一个合成，PSD 文件中的每个图层在合成中都是一个独立的图层，并且会将 PSD 文件中所有图层的尺寸大小统一为合成的尺寸大小。

合成 - 保持图层大小：如果选择"合成 - 保持图层大小"选项，则可以将所选择的 PSD 文件导入为一个合成，PSD 文件的每一个图层都作为合成的一个单独层，并保持它们原始的尺寸不变。

▶ **实战** **通过导入 PSD 文件创建合成**
源文件：资源包 \ 源文件 \ 第 2 章 \2-3-3.aep　　　视频：资源包 \ 视频 \ 第 2 章 \2-3-3.mp4

---

01. 在 Photoshop 中打开一个设计好的 PSD 素材文件"资源包 \ 源文件 \ 第 2 章 \ 素材 \23306.psd"，打开"图层"面板，可以看到该 PSD 文件中的相关图层，如图 2-44 所示。打开 After Effects，执行"文件 > 导入 > 文件"命令，在弹出的"导入文件"对话框中选择该 PSD 素材文件，如图 2-45 所示。

图 2-44

图 2-45

02. 单击"导入"按钮，程序弹出设置对话框，在"导入种类"下拉列表中选择"合成 - 保持图层大小"选项（见图 2-46），单击"确定"按钮，即可将该 PSD 素材文件导入为合成。用户可以在"项目"面板中看到自动创建的合成，如图 2-47 所示。

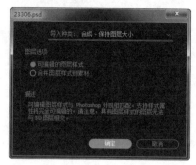

图 2-46

图 2-47

将 PSD 文件导入为合成时，After Effects 将自动创建一个与 PSD 文件名称相同的合成和一个素材文件夹，该文件夹中的素材为所导入 PSD 素材文件中每个图层上的图像素材。

03. 在"项目"面板中双击自动创建的合成，可以在"合成"窗口中看到该合成的效果与 PSD 素材的效果完全一致，如图 2-48 所示。同时，"时间轴"面板显示的图层与 PSD 文件中的图层是相对应的，如图 2-49 所示。

图 2-48

图 2-49

04. 执行"文件 > 保存"命令，程序弹出"另存为"对话框，设置后单击"保存"按钮将该文件进行保存。

导入 PSD 或 AI 格式的分层文件最大的优势就在于能够自动创建合成，并且能够保留 PSD 或 AI 格式文件中的图层，这样就可以直接在"时间轴"面板中制作各图层中元素的动画效果，非常方便。

2.3.4　管理、操作素材

完成导入素材的操作后，这些素材只是出现在"项目"面板中，如果想要进一步的对项目进行编辑，就需要对这些素材进行一些基本的操作。

1. 添加素材

除了在导入 PSD 格式或 AI 格式的分层素材文件时选择"合成"选项，将其导入为合成，其他导入的素材都只会出现在"项目"面板中，而不会应用到合成中。在制作动画的过程中，可以将"项目"面板中的素材添加到合成中，从而制作其动画效果。

在项目文件中新建合成后，如果需要在该合成中使用相应的素材，可以在"项目"面板中将该素材拖入"合成"窗口（见图 2-50），或在"项目"面板中将该素材拖入"时间轴"面板中的图层位置（见图 2-51），释放鼠标即可在"合成"窗口中对所添加的素材进行编辑，在"时间轴"面板中可以制作该素材的动画效果。

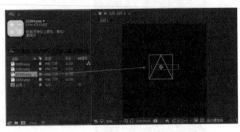 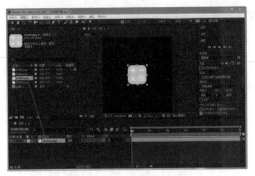

图 2-50   图 2-51

2．使用文件夹归类素材

在使用 After Effects 编辑动画时，往往需要大量的素材，素材又可以分为很多种，包括静态图像素材、声音素材、合成素材等。设计者可以分别创建相应的文件夹来放置不同类型的素材，便于快速查找，提高工作效率。

执行"文件 > 新建 > 新建文件夹"命令，即可在"项目"面板中新建一个文件夹，所新建的文件夹自动进入重命名状态（见图 2-52），可以直接输入文件夹的名称。完成文件夹的新建后，可以在"项目"面板中选中一个或多个素材，将其拖入到文件夹中，即可移动素材，如图 2-53 所示。

 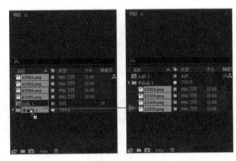

图 2-52   图 2-53

3．删除素材

对多余的素材或文件夹，应该及时进行删除。删除素材或文件夹的方法很简单，选择需要删除的素材或文件夹，按 Delete 键即可；也可以选择需要删除的素材或文件夹，单击"项目"面板下方的"删除选择的项目"按钮。

4．替换素材

在 After Effects 中进行动画处理的过程中，如果发现导入的素材不够精美或效果不满意，可以通过替换素材的方式来修改。

在"项目"面板中选择需要替换的素材，执行"文件 > 替换素材 > 文件"命令，或者在当前素材上单击鼠标右键，在弹出的菜单中执行"替换素材 > 文件"命令（见图 2-54）即可在弹出的"替换素材文件"对话框中选择要替换的素材（见图 2-55），单击"打开"按钮，即可完成替换素材的操作。

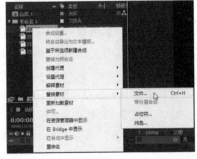 

图 2-54   图 2-55

5．查看素材

在 After Effects 中，导入的素材文件都被放置在"项目"面板中，在"项目"面板中的素材列表中选中某个素材，用户即可在该面板的预览区域中看到该素材的缩览图和相关信息，如图 2-56 所示。如果想要查看素材的大图效果，可以直接双击"项目"面板中的素材，系统将根据不同类型的素材打开不同的浏览模式：双击静态素材将打开"素材"面板，如图 2-57 所示；双击动态素材将打开对应的视频播放软件。

图 2-56

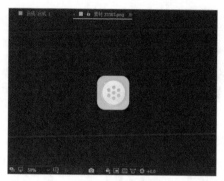
图 2-57

2.3.5 After Effects 基本工作流程

俗话说"万事开头难"，学习 After Effects 也是一样。在学习如何在 After Effects 中制作动画之前，读者要了解在 After Effects 中制作动画的基本工作流程（见图 2-58），从而建立一个学习的整体概念。

（1）新建合成	在 After Effects 中进行交互动画制作时，需要新建项目和合成。在启动时，After Effects 会自动创建一个空的项目，此时并没有合成存在，所以在开始创建之前必须先新建合成。
（2）导入素材	完成项目和合成的创建后，接下来可以将相关的素材导入所创建的项目中，以便在 After Effects 中进行合成处理。
（3）添加素材	在项目中导入相应的素材后，可以将素材添加到合成的"时间轴"面板中，这样就可以制作该素材的动画效果了。
（4）添加文字	根据交互动画效果的需要，如果动画中有文字，可以在合成中添加文字，并制作文字的动画效果。
（5）渲染输出	在 After Effects 中完成交互动画的制作后，可以将项目保存，并且渲染输出所制作的交互动画效果，这样就可以看到所制作的动画效果了。

图 2-58

2.4 After Effects 图层

After Effects 中的图层类似于 Photoshop 中的图层，在制作交互动画的时候，所有操作都必须在图层的基础上来完成，所不同的是 After Effects 中的图层包括多种类型，通过利用不同的图层来达到所需的效果。将素材拖入"时间轴"面板时就形成了素材层，通过调整大小、位移和不透明度等操作，可以完成简单的动画；灯光层可以对合成中的灯光进行调节，也可以制作出绚丽的灯光动画；文字层可以在合成中输入文字、制作文字动画等。

2.4.1 图层的类型

After Effects 的图层共有 10 种，分别为素材层、文字层、纯色层、灯光层、摄像机层、空对象图层、形状图层、调整图层、Adobe Photoshop 文件和 MAXON CINEMA 4D 文件。下面对一些在交互动画制作过程中常使用的图层进行简单介绍。

1．素材层

素材层是通过将外部的图像、音频、视频导入 After Effects 软件中，添加到"时间轴"面板中自动生成的层，可以通过设置"变换"属性达到移动、缩放、透明等效果。图 2-59 所示为新建的素材层。

图 2-59

2．文字层

After Effects 中的文字层能够满足用户在动画中添加相应的文字及文字动画的需要。单击工具栏中的"横排文字工具"按钮或"直排文字工具"按钮，在"合成"窗口中单击，输入文字，即可在"时间轴"面板中创建文字层，如图 2-60 所示。创建文字层后，在"字符"面板（见图 2-61）中对文字的大小、颜色、字体等进行设置，设置方法与 Photoshop 中的"字符"面板相似。

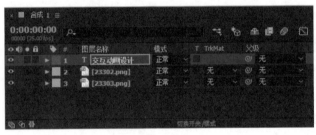

图 2-60   图 2-61

3．纯色层

纯色层在交互动画中主要用来制作蒙版效果，同时也可以作为承载编辑的图层，在纯色层上制作各种效果。执行"图层 > 新建 > 纯色"命令，程序弹出"纯色设置"对话框，如图 2-62 所示。在对话框中完成相关选项的设置，单击"确定"按钮，即可以创建一个纯色层，如图 2-63 所示。

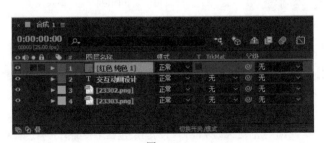

图 2-62   图 2-63

4．灯光层

灯光层用来模拟不同种类的真实光源，如家用电灯、舞台灯等。灯光层包含 4 种灯光类型，分别为平行光、聚光、点光和环境光，不同的灯光类型可以营造出不同的灯光效果。

执行"图层 > 新建 > 灯光"命令，程序弹出"灯光设置"对话框，如图 2-64 所示。完成"灯光设置"对话框中相关选项的设置，单击"确定"按钮，即可创建一个灯光层，如图 2-65 所示。灯光只对 3D 图层产生效果，因此需要添加光照效果的图层必须开启 3D 图层开关。

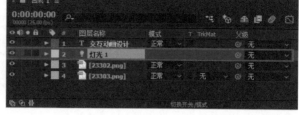

图 2-64 　　　　　　　　　　　　　　　　　　图 2-65

5．摄像机层

摄像机层用于控制合成最后的显示角度，用户也可以通过对摄像机层创建动画来完成一些特殊的效果。想要通过摄像机层制作特殊效果，就需要 3D 图层的配合，因此必须将图层上的 3D 开关打开。

执行"图层 > 新建 > 摄像机"命令，程序弹出"摄像机设置"对话框，如图 2-66 所示。完成"摄像机设置"对话框中相关选项的设置，单击"确定"按钮，即可创建一个摄像机层，如图 2-67 所示。

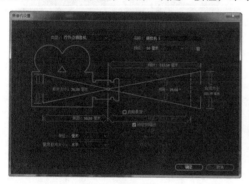

图 2-66 　　　　　　　　　　　　　　　　　　图 2-67

6．空对象层

空对象层是没有任何特殊效果的层，主要用于辅助动画的制作：通过新建空对象层并以该层建立父子对象，从而控制多个图层的运动或移动；通过修改空对象层上的参数，从而同时修改多个子对象参数，控制子对象的合成效果。

执行"图层 > 新建 > 空对象"命令，即可新建空对象层，如图 2-68 所示。空对象层在"合成"窗口中显示为一个与该图层颜色相同的透明边框（见图 2-69），但在输出时，空对象层是没有任何内容的。

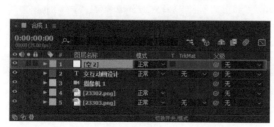

← 空对象层在"合成"
　窗口中的显示效果

图 2-68 　　　　　　　　　　　　　　　　　　图 2-69

専家提示

如果需要在图层中创建父子元素链接，可以通过单击父层上的"父子链接"按钮 ◎ 并将链接线指向父对象上，或者在子对象上的链接按钮 ◎ 后的下拉列表中选择父层的层名称。

7．形状图层

形状图层是指使用 After Effects 中的各种矢量绘图工具绘制图形所得到的图层。有两种方法创建形状图层：执行"图层 > 新建 > 形状"命令，创建一个空白的形状图层；直接单击工具栏中的矩形、圆形、钢笔工具等绘图工具，在"合成"窗口中绘制形状图形，同样可以得到形状图层，如图 2-70 所示。

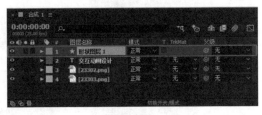

图 2-70

8．调整图层

调整图层是用于整动画中的色彩或者特效的图层，在该层上制作效果，可对该层以下所有图层应用该效果，因此调整图层对控制动画的整体色调具有很重要的作用。

执行"图层 > 新建 > 调整图层"命令，即可新建一个调整图层，如图 2-71 所示。为调整图层添加相应的特效设置的前后效果对比，如图 2-72 所示。

图 2-71

图 2-72

実战　**实现图片的过渡切换动画效果**

源文件：资源包 \ 源文件 \ 第 2 章 \2-4-1.aep　　视频：资源包 \ 视频 \ 第 2 章 \2-4-1.mp4

01. 在 After Effects 中新建一个空白的项目，执行"合成 > 新建合成"命令，程序弹出"合成设置"对话框，按图 2-73 所示的设置各项参数。单击"确定"按钮，新建合成。执行"文件 > 导入 > 文件"命令，在弹出的"导入文件"对话框中同时选中多个需要导入的素材文件，如图 2-74 所示。

图 2-73

图 2-74

02. 单击"导入"按钮，将所选中的素材导入"项目"面板中，如图 2-75 所示。在"项目"面板中将素材 24101.jpg 拖入"时间轴"面板中，如图 2-76 所示。

图 2-75　　　　　　　　　　　　　　　　图 2-76

03. 在"项目"面板中将素材 24102.jpg 拖入"时间轴"面板中，如图 2-77 所示。在"项目"面板中将素材 24103.jpg 拖入"时间轴"面板中，如图 2-78 所示。

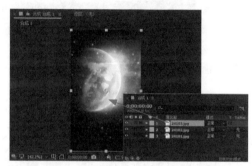

图 2-77　　　　　　　　　　　　　　　　图 2-78

04. 在"时间轴"面板中拖动鼠标同时选中所有图层，如图 2-79 所示。执行"动画 > 关键帧辅助 > 序列图层"命令，程序弹出"序列图层"对话框，按图 2-80 设置各项参数。

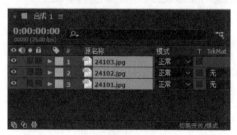

图 2-79　　　　　　　　　　　　　　　　图 2-80

> **专家提示**
>
> 　　在"序列图层"对话框中，通过不同的参数设置可以产生不同的图层过渡效果。勾选"重叠"复选框，可以启用层重叠效果；"持续时间"选项用于设置图层重叠过渡效果的持续时间；"过渡"选项用于设置图层的重叠过渡方式，该选项下拉列表中包含 3 个选项，分别是"关""溶解前景图层""交叉溶解前景和背景图层"。

05. 单击"确定"按钮，完成"序列图层"对话框的设置。在"项目"面板中的合成名称上单击鼠标右键，在弹出菜单中选择"合成设置"选项（见图 2-81），程序弹出"合成设置"对话框，修改"持续时间"为 18 秒，如图 2-82 所示。

图 2-81   图 2-82

06. 单击"确定"按钮，完成"合成设置"对话框的设置，"时间轴"面板如图 2-83 所示。

图 2-83

07. 执行"文件 > 保存"命令保存文件。单击"预览"面板上的"播放 / 停止"按钮 ▶，可以在"合成"窗口中预览动画效果，如图 2-84 所示。

图 2-84

专家提示

　　在 After Effects 中完成动画的制作后，还可以将动画进行渲染输出，关于渲染输出动画的方法将在后面的小节中进行详细的讲解。

2.4.2　图层的基本属性设置

　　在图层左侧的小三角按钮上单击，可以展开该图层的相关属性，素材图层默认包含"变换"属性，单击"变换"选项左侧的三角按钮，可以看到其包含 5 个变换属性，分别是"锚点""位置""缩放""旋转"和"不透明度"，如图 2-85 所示。

图 2-85

1．锚点

"锚点"属性主要用来设置素材的中心点位置。素材的中心点位置不同，对素材进行缩放、旋转等操作时，所产生的效果也会不同。

默认情况下，素材的中心点位于素材图层的中心位置。按快捷键 A，可以直接在各素材图层下方显示出"锚点"属性，如果需要修改锚点，只需要修改"锚点"属性后的坐标参数即可，如图 2-86 所示。也可以在"合成"窗口中双击需要设置的素材，进入"素材"窗口，使用"选择工具"直接移动锚点，以调整素材的中心点位置，如图 2-87 所示。

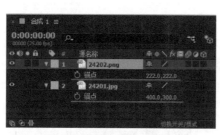

图 2-86　　　　　　　　　　　　　　　　　　图 2-87

2．位置

"位置"属性用来控制素材在"合成"窗口中的相对位置，也可以通过该属性结合关键帧制作出素材移动的动画效果。

按快捷键 P，可以直接在各素材图层下方显示出"位置"属性，如图 2-88 所示。当修改"位置"属性后的坐标参数或者在"合成"窗口中直接使用"选择工具"移动位置时，都是以素材锚点为基准进行移动，如图 2-89 所示。

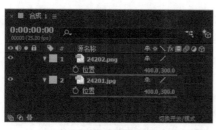

图 2-88　　　　　　　　　　　　　　　　　　图 2-89

3．缩放

"缩放"属性可以设置素材的尺寸大小，通过该属性结合关键帧可以制作出素材缩放的动画效果。

按快捷键 S，可以直接在各素材图层下方显示出"缩放"属性，素材的缩放同样是以锚点的位置为基准，可以直接通过修改"缩放"属性中的参数修改素材的尺寸大小，如图 2-90 所示。也可以在"合成"窗口中直接使用"选择工具"拖动素材四周的控制点来调整素材的尺寸大小，如图 2-91 所示。

> **专家提示**
>
> 使用"选择工具"在"合成"窗口中通过拖动控制点的方法对素材进行缩放操作时，按住 Shift 键拖动素材 4 个角点位置，可以对素材进行等比例缩放操作。

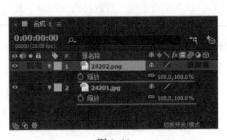

图 2-90　　　　　　　　　　　　　　　　　　图 2-91

4．旋转

"旋转"属性是用来设置素材的旋转角度的，通过该属性结合关键帧可以制作出素材旋转的动画效果。

按快捷键 R，可以直接在各素材图层下方显示出"旋转"属性，如图 2-92 所示。素材的旋转同样以锚点的位置为基准，可以直接修改"旋转"属性中的参数，也可以在"合成"窗口中选中需要旋转的素材，使用"旋转工具"，在素材上拖动鼠标进行旋转操作，如图 2-93 所示。

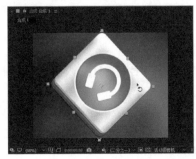

图 2-92　　　　　　　　　　　　　　　　　　图 2-93

5．不透明度

"不透明度"属性可以用来设置素材图层的不透明度。当不透明度属性值为 0% 时，图像完全透明，当属性值为 100% 时，图像完全不透明。通过该属性结合关键帧可以制作出素材淡入淡出的动画效果。

按快捷键 T，可以直接在各素材图层下方显示出"不透明度"属性，如图 2-94 所示。修改"不透明度"参数即可调整素材图层的不透明度，效果如图 2-95 所示。

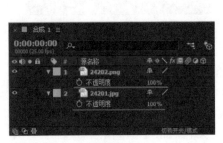

图 2-94　　　　　　　　　　　　　　　　　　图 2-95

> **专家提示**
>
> 在"合成"窗口或"时间轴"面板中没有选中任何素材时，按 A、P、S、R、T 快捷键，可以显示出当前合成中所有素材图层的相应属性；如果已经选中某个素材或素材图层，则按相应的快捷键，只会显示所选中素材或素材图层的相应属性。

实战 制作移动界面背景轮换动画效果

源文件：资源包 \ 源文件 \ 第 2 章 \2-4-2.aep　　视频：资源包 \ 视频 \ 第 2 章 \2-4-2.mp4

01. 在 After Effects 中新建一个空白的项目，执行"文件 > 导入 > 文件"命令，在弹出的"导入文件"对话框中选择"资源包 \ 源文件 \ 第 2 章 \ 素材 \24203.psd"（见图 2-96），单击"导入按钮，在弹出的对话框中按图 2-97 设置各项参数。

图 2-96　　　　　　　　　　　　　　　　　图 2-97

02. 单击"确定"按钮，导入 PSD 素材自动生成合成，如图 2-98 所示。执行"文件 > 导入 > 文件"命令，在弹出的"导入文件"对话框中选择多个需要导入的素材图像，如图 2-99 所示。

图 2-98　　　　　　　　　　　　　　　　　图 2-99

03. 单击"导入"按钮，将选中的多个素材同时导入"项目"面板中，如图 2-100 所示。双击"项目"面板中自动生成的合成，在"合成"窗口中打开该合成，如图 2-101 所示。

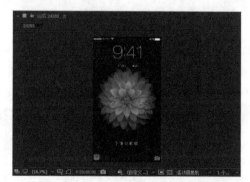

图 2-100　　　　　　　　　　　　　　　　　图 2-101

04. 在"时间轴"面板中可以看到该合成中相应的图层，如图 2-102 所示。展开"背景"图层的"变换"属性，如图 2-103 所示。

图 2-102

图 2-103

05. 将"时间指示器"移至 2 秒位置,单击"位置"属性前的"秒表"图标 ◎,插入该属性关键帧,如图 2-104 所示。将"时间指示器"移至 3 秒位置,在"合成"窗口中将该图层中的图像向右移至合适的位置,如图 2-105 所示。

图 2-104

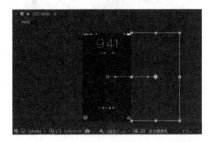
图 2-105

专家提示

　　在"时间轴"面板中可以直接拖动"时间指示器",从而调整时间的位置,但这种方法很难精确调整。如果需要精确调整时间位置,可以通过"时间轴"面板上的"当前时间"选项或者"合成"窗口中的"预览时间"选项,输入精确的时间,即可在"时间轴"面板中跳转到所输入的时间位置。

06. 在"时间轴"面板上 3 秒位置自动插入"位置"属性关键帧,如图 2-106 所示。在"项目"面板中将 24204.jpg 素材拖入"时间轴"面板中"背景"图层上方,在"合成"窗口中将该素材调整至合适的位置,如图 2-107 所示。

图 2-106

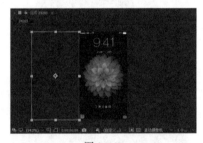
图 2-107

07. 展开 24204.jpg 图层的"变换"属性,将"时间指示器"移至 2 秒位置,单击"位置"属性前的"秒表"图标,插入该属性关键帧,如图 2-108 所示。将"时间指示器"移至 3 秒位置,在"合成"窗口中将该图层中的图像向右移至合适的位置,如图 2-109 所示。

图 2-108

图 2-109

08. 将"时间指示器"移至 5 秒位置，在"时间轴"面板上单击"位置"属性前的"添加关键帧"按钮，在该时间位置添加"位置"属性关键帧，如图 2-110 所示。将"时间指示器"移至 6 秒位置，在"合成"窗口中将该图层中的图像向右移至合适的位置，如图 2-111 所示。

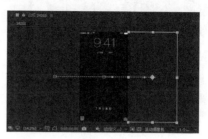

图 2-110　　　　　　　　　　　　　　　图 2-111

09. 在"时间轴"面板上 6 秒位置自动插入"位置"属性关键帧，如图 2-112 所示。在"项目"面板中将 24205.jpg 素材拖入"时间轴"面板中 24204.jpg 图层上方，在"合成"窗口中将该素材调整至合适的位置，如图 2-113 所示。

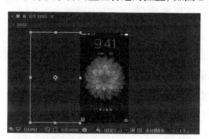

图 2-112　　　　　　　　　　　　　　　图 2-113

10. 展开 24205.jpg 图层的"变换"属性，将"时间指示器"移至 5 秒位置，单击"位置"属性前的"秒表"图标，插入该属性关键帧，如图 2-114 所示。将"时间指示器"移至 6 秒位置，在"合成"窗口中将该图层中的图像向右移至合适的位置，如图 2-115 所示。

图 2-114　　　　　　　　　　　　　　　图 2-115

11. 将"时间指示器"移至 8 秒位置，在"时间轴"面板上单击"位置"属性前的"添加关键帧"按钮，在该时间位置添加"位置"属性关键帧，如图 2-116 所示。将"时间指示器"移至 9 秒位置，在"合成"窗口中将该图层中的图像向右移至合适的位置，如图 2-117 所示。

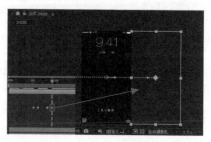

图 2-116　　　　　　　　　　　　　　　图 2-117

12. 在"项目"面板中将 24206.jpg 素材拖入"时间轴"面板中 24205.jpg 图层上方，根据 24205.jpg 图层动画的制作方法，可以完成 24206.jpg 图层动画的制作。"合成"窗口如图 2-118 所示，"时间轴"面板如图 2-119 所示。

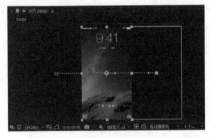
图 2-118

图 2-119

专家提示

24206.jpg 图层的效果同样是位置移动的动画效果，在 8~9 秒是从左侧移入场景中，9~11 秒为在场景中静止不动，11~12 秒从场景中向右移出场景。

13. 在"项目"面板中将"24203 个图层"文件夹中的"背景"素材拖入"时间轴"面板中 24206.jpg 图层上方，在"合成"窗口中将该素材调整至合适的位置，如图 2-120 所示。展开该图层的"变换"属性，将"时间指示器"移至 11 秒位置，单击"位置"属性前的"秒表"图标，插入该属性关键帧，如图 2-121 所示。

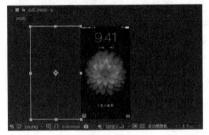
图 2-120

图 2-121

14. 将"时间指示器"移至 12 秒位置，在"合成"窗口中将该图层中的图像向右移至合适的位置，如图 2-122 所示。在"项目"面板上的 24203 合成上单击鼠标右键，在弹出菜单中选择"合成设置"选项，在弹出对话框中设置"持续时间"为 12 秒，如图 2-123 所示。

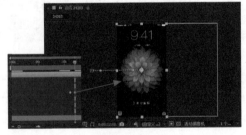
图 2-122

图 2-123

专家提示

在动画的最后，制作第一张背景图片从左侧入场的动画效果，因为时间轴动画默认是循环播放的，这样当播放完 12 秒时就会跳转到 0 秒位置继续播放，从而使动画形成一个连贯的循环。

15. 单击"确定"按钮，完成"合成设置"对话框的设置。在"合成"窗口中不要选中任何对象，按快捷键 P，显示该合成中所有图层的"位置"属性，可以看到相应图层的位置移动的时间轴效果，如图 2-124 所示。

图 2-124

16. 执行"文件 > 保存"命令保存文件。单击"预览"面板上的"播放 / 停止"按钮 ▶，可以在"合成"窗口中预览动画效果，如图 2-125 所示。

图 2-125

2.4.3　图层的混合模式

在 After Effects 中进行合成的时候，图层之间可以通过混合模式来实现一些特殊的融合效果。当某一层使用混合模式的时候，程序会根据所使用的混合模式与下层图像进行相应的融合而产生特殊的合成效果。

在"时间轴"面板中单击"展开或折叠'转换控制'窗格"按钮 ，在"时间轴"面板中显示出"模式"控制选项，如图 2-126 所示。在"模式"选项的下拉列表中可以设置图层的混合模式，如图 2-127 所示。

"模式"下拉列表中的选项较多，许多混合模式选项与 Photoshop 中图层的混合模式选项相同，选择不同的混合模式选项，会使当前图层与其下方的图层产生不同的混合效果，默认的图层混合模式为"正常"。

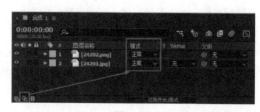

图 2-126　　　　　　　　　　　　　　　　图 2-127

2.5　"时间轴"面板

After Effects 中的"时间轴"面板包含图层，前面已经对图层进行了简单的介绍，但是图层只是"时间轴"面板中的一小部分。"时间轴"面板是在 After Effects 中进行动画制作的主要操作窗口，在"时间轴"面板中可以对各种控制选项进行设置，从而制作出不同的动画效果。图 2-128 所示为 After Effects 中的"时间轴"面板。

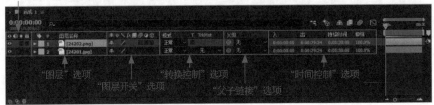

"音频／视频"选项

图 2-128

2.5.1 "音频／视频"选项

通过"时间轴"面板中的"音频／视频"选项（见图 2-129），可以对合成中的每个图层进行一些基础的控制。

"视频"按钮：单击图层前的该按钮，可以在"合成"窗口中显示或者隐藏该图层上的内容。

"音频"按钮：如果在某个图层上添加了音频素材，则该层上会自动添加音频图标，可以通过单击该图层的"音频"按钮，显示或隐藏该图层上的音频。

图 2-129

"独奏"按钮：单击某个图层上的该按钮，可以在"合成"窗口中只显示该图层中的内容，而隐藏其他所有图层中的内容。

"锁定"按钮：单击某个图层上的该按钮，可以锁定或取消锁定该图层内容，被锁定的图层将不能被操作。

2.5.2 "图层"选项

"时间轴"面板中的"图层"选项设置区包含"标签""编号"和"图层名称"3 个设置选项，如图 2-130 所示。

"标签"选项：在每个图层的该位置单击，可以在弹出菜单中选择该图层的标签颜色。通过为不同的图层设置不同的标签颜色，可以有效区分不同的图层。

"编号"选项：从上至下顺序显示图层的编号，不可以修改。

图 2-130

"图层名称"选项：在该位置显示的是图层名称，图层名称默认为在该图层上所添加的素材的名称或者是自动命名的名称。在图层名称上单击鼠标右键，在弹出菜单中选择"重命名"选项，可以对图层名称进行重命名。

2.5.3 "图层开关"选项

单击"时间轴"面板左下角的"展开或折叠'图层开关'窗格"按钮，可以在"时间轴"面板中的每个图层名称右侧显示相应的"图层开关"控制选项，如图 2-131 所示。

"消隐"按钮：单击"时间轴"面板中的"隐藏为其设置了'消隐'开关的所有图层"按钮，然后单击图层的"消隐"按钮，可以在"时间轴"面板中隐藏该图层。

图 2-131

"栅格化"按钮：仅当图层中的内容为合成或者矢量图形时，单击该图层的"栅格化"按钮，可以栅格化该图层。栅格化后的图层质量会提高而且渲染速度会加快。

"质量和采样"按钮：单击图层的"质量和采样"按钮，可以将该图层中的内容在"低质量"和"高质量"这两种显示方式之间进行切换。

"效果"按钮：如果为图层内容应用了效果，则该图层将显示"效果"按钮。单击该按钮，可以显示或隐藏为该图层所应用的效果。

"帧混合"按钮 ：如果为图层内容应用了帧混合效果，则该图层将显示"帧混合"按钮。单击该按钮，可以显示或隐藏为该图层所应用的帧混合效果。

"运动模糊"按钮：用于设置是否开启图层的运动模糊功能。默认情况下没有开启图层的运动模糊功能。

"调整图层"按钮：单击该按钮，仅显示"调整图层"上所添加的效果，从而达到调整下方图层的作用。

"3D 图层"按钮：单击该按钮，可以将普通的 2D 图层转换为 3D 图层。

2.5.4 "转换控制"选项

单击"时间轴"面板左下角的"展开或折叠'转换控制'窗格"按钮，可以在"时间轴"面板中显示出每个图层的"转换控制"选项，如图 2-132 所示。

图 2-132

"模式"选项：在该选项下拉列表中可以设置图层的混合模式。

"透明度"选项：该选项用于设置是否保留图层的基础透明度。

"TrkMat（轨道遮罩）"选项：在该选项的下拉列表中可以设置当前图层与其上方图层的轨道遮罩方式。该选项下拉列表包含 5 个选项，如图 2-133 所示。

没有轨道遮罩：图层正常显示，不使用遮罩效果。该选项为默认选项。

Alpha 遮罩：利用素材的 Alpha 通道创建轨道遮罩。

Alpha 反转遮罩：反转素材的 Alpha 通道创建轨道遮罩。

亮度遮罩：利用素材的亮度创建轨道遮罩。

亮度反转遮罩：反转素材的亮度通道创建轨道遮罩。

图 2-133

2.5.5 "父子链接"选项

父子链接是让图层与图层之间建立从属关系的一种功能。当对父对象进行操作的时候，子对象也会执行相应的操作，但子对象执行操作的时候，父对象不会发生变化。

在"时间轴"面板中有两种设置父子链接的方式：一种是拖动图层的 图标到目标图层，这样目标图层为该图层的父级图层，而该图层为子图层；另一种是在图层的该选项下拉列表中选择一个图层作为该图层的父级图层，如图 2-134 所示。

图 2-134

2.5.6 "时间控制"选项

单击"时间轴"面板左下角的"展开或折叠'入点'/'出点'/'持续时间'/'伸缩'窗格"按钮，可以在"时间轴"面板中显示出每个图层的"时间控制"选项，如图 2-135 所示。

图 2-135

"入点"选项：此处显示当前图层的入点时间。如果在此处单击，可以弹出"图层入点时间"对话框（见图 2-136），输入要设置为入点的时间，单击"确定"按钮，即可完成该图层入点时间的设置。

"出点"选项：此处显示当前图层的出点时间。如果在此处单击，可以弹出"图层出点时间"对话框（见图 2-137），输入要设置为出点的时间，单击"确定"按钮，即可完成该图层出点时间的设置。

图 2-136

图 2-137

默认情况下，添加到"时间轴"面板中的素材都会持续与当前合成相同的时间长度，如果需要在某个时间点显示该图层中的内容，而在某个时间点隐藏该图层中的内容，则可以为该图层设置"入点"和"出点"选项，简单的理解，"入点"和"出点"选项就相当于设置该图层内容在什么时间出现在合成中，什么时间在合成中隐藏。

"持续时间"选项：显示当前图层上从入点到出点的时间范围，也就是起点到终点之间的持续时间。如果在此处单击，可以弹出"时间伸缩"对话框（见图 2-138），在这里可以修改该图层中内容的持续时间。

图 2-138　　　　　　　　　图 2-139

"伸缩"选项：用于调整动画的长度，控制其播放速度以达到快放或者慢放的效果。如果在此处单击，可以弹出"时间伸缩"对话框（见图 2-139），在这里可以修改该图层"位伸因素"选项。该选项的默认值为 100%。如果大于 100%，动画就会在长度不变的情况下变慢；如果小于 100%，就会变快。

2.6　关键帧与图表编辑器

使用 After Effects 制作交互动画的过程中，首先需要制作能够表现出主要意图的关键动作，这些关键动作所在的帧就叫动画关键帧。理解和正确操作关键帧是使用 After Effects 制作交互动画的关键。

2.6.1　关键帧简介

关键帧动画是场景中有运动变化和属性变化的实体动画制作方法，其原理是记录序列中较为关键的动画帧的物理形态，两个关键帧之间的其他帧可以用各种插值计算方法得到，从而达到比较流畅的效果。

关键帧是组成动画的基本元素，关键帧的应用是制作动画的基础和关键，关键帧动画至少要通过两个关键帧来完成。在 After Effects 中，所有动画效果的制作基本上都与关键帧有关联。

那么，动画效果是如何产生的？在 After Effects 中，通过关键帧创建和控制动画，当对时间轴上某个图层的某个参数值添加一个关键帧时，表示当前图层在当前时间确定了一个固定的参数值，通过至少两个这样不同的关键帧，就会在这些关键帧之间产生参数值变化，从而影响画面的变化，这样就产生了动画效果。

一个关键帧会包括以下信息内容：属性，指的是图层中的哪个属性发生变化；时间，指的是在哪个时间点确定的关键帧；参数值，指的是当前时间点参数的数值是多少；关键帧类型，关键帧之间是线性还是曲线；关键帧速率，关键帧之间是什么样的变化速率。

2.6.2　关键帧的基本操作

在使用 After Effects 制作动画的过程中，通常需要对关键帧进行一系列的编辑操作，本小节将详细介绍关键帧的创建、选择、移动、复制和删除操作的方法和技巧。

1．创建关键帧

在 After Effects 中，基本上每一个特效或属性都有一个对应的时间变化"秒表"按钮 ⏱，可以通过单击属性名称左侧的"秒表"按钮 ⏱，来激活关键帧功能。

可以在"时间轴"面板中选择需要添加关键帧的图层，展开该图层的属性列表，如图 2-140 所示。如果需要为某个属性添加关键帧，只需要单击该属性前的"秒表"按钮，即可激活关键帧功能，并在当前时间指示器位置插入一个该属性关键帧，如图 2-141 所示。

图 2-140　　　　　　　　　　　　　　　　　　图 2-141

当激活该属性的关键帧后，在该属性的最左侧会出现 3 个按钮，分别是"转到上一个关键帧" ◀ 、"添加或移除关键帧" ◇ 和"转到下一个关键帧" ▶ 。在"时间轴"面板中将时间指示器移至需要添加下一个关键帧的位置，单击"添加或删除关键帧"按钮 ◇ ，即可在当前时间指示器位置插入该属性第 2 个关键帧，如图 2-142 所示。

如果再次单击该属性名称前的"秒表"按钮 ⏱ ，可以取消该属性关键帧的激活状态，该属性所添加的所有关键帧也会被同时删除，如图 2-143 所示。

图 2-142　　　　　　　　　　　　　　　　　　图 2-143

专家提示

为某个属性在不同的时间位置插入关键帧后，可以在属性名称的右侧修改所添加关键帧位置的属性参数值，不同的关键帧设置不同的属性参数值后，就能形成关键帧之间的动画过渡效果。

2．选择关键帧

在创建关键帧后，有时还需要对关键帧进行修改和设置操作，这时就需要选中需要编辑的关键帧。选择关键帧的方式有多种，下面分别进行介绍。

（1）在"时间轴"面板中直接单击某个关键帧图标，被选中的关键帧显示为蓝色，表示已经选中关键帧，如图 2-144 所示。

（2）在"时间轴"面板中的空白位置单击并拖动出一个矩形框，在矩形框内的关键帧都将被同时选中，如图 2-145 所示。

（3）对存在关键帧的某个属性，单击该属性名称，即可将该属性的所有关键帧全部选中，如图 2-146 所示。

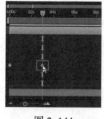
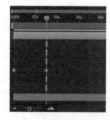

图 2-144　　　　　　　图 2-145　　　　　　　图 2-146

（4）配合 Shift 键可以同时选择多个关键帧，即按住 Shift 键不放，在多个关键帧上单击。对已选择的关键帧，按住 Shift 键不放再次单击，则可以取消选择。

3．移动关键帧

在 After Effects 中，为了更好地控制动画效果，关键帧的位置是可以被随意移动的，可以单独移动一个关键帧，也可以同时移动多个关键帧。

如果想要移动单个关键帧，可以选中需要移动的关键帧，按住鼠标左键拖动到需要的位置（见图 2-147），然后松开鼠标左键。

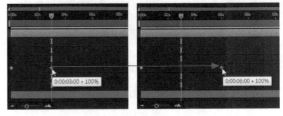

图 2-147

> **专家提示**
>
> 如果想要移动多个关键帧，可以按住 Shift 键，单击鼠标选中需要移动的多个关键帧，然后将其拖动至目标位置。

4. 复制关键帧

在 After Effects 中进行合成制作时，经常需要重复设置参数，这时可以对关键帧进行复制、粘贴的操作，这样可以大大提高创作效率，避免一些重复性的操作。

如果想要进行关键帧的复制操作，首先需要在"时间轴"面板中选中 1 个或多个需要复制的关键帧，如图 2-148 所示。执行"编辑 > 复制"命令，即可复制所选中的关键帧，将时间指示器移至需要粘贴关键帧的位置，执行"编辑 > 粘贴"命令，即可将所复制的关键帧粘贴到以当前时间指示器为开始的位置，如图 2-149 所示。

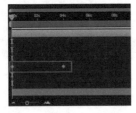

图 2-148

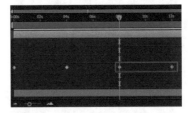

图 2-149

当然也可以将复制的关键帧粘贴到其他的图层中，例如选中"时间轴"面板中需要粘贴关键帧的图层，展开该图层属性，将时间指示器移至需要粘贴关键帧的位置，执行"编辑 > 粘贴"命令，即可将所复制的关键帧粘贴到当前所选择的图层中，如图 2-150 所示。

图 2-150

> **专家提示**
>
> 相互之间可以进行复制的属性包括位置、轴心点、定位点、旋转、效果角度控制、效果滑动控制和效果的色彩属性。从第 1 个图层的某个属性上复制关键帧，到第 2 个图层上粘贴时，如果只单击第 2 个图层，则默认粘贴到相同的属性上，只有选择了其他属性，才能将关键帧粘贴到该属性上。

5. 删除关键帧

在制作动画的过程中，有时需要将多余的或者不需要的关键帧进行删除。删除关键帧的方法很简单，选中需要删除的单个或多个关键帧，执行"编辑 > 清除"命令即可；也可以选中多余的关键帧，直接按键盘上的 Delete 键；还可以在"时间轴"面板中将时间提示器调整到需要删除的关键帧位置，单击该属性左侧的"添加或移除关键帧"按钮◆，（这种方法一次只能删除一个关键帧）。

实战 制作三角形交错循环动画
源文件：资源包 \ 源文件 \ 第 2 章 \2-6-2.aep　　视频：资源包 \ 视频 \ 第 2 章 \2-6-2.mp4

---

01. 在 Illustrator 中打开一个设计好的素材文件"资源包 \ 源文件 \ 第 2 章 \ 素材 \26201.ai"，打开"图层"面板，可以看到该 AI 文件中的相关图层，如图 2-151 所示。打开 After Effects，执行"文件 > 导入 > 文件"命令，在弹出的"导入文件"对话框中选择该 AI 素材文件，并且设置"导入为"选项为"合成"，如图 2-152 所示。

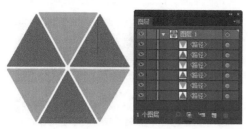
图 2-151

图 2-152

02. 单击"导入"按钮，即可将所选择的 AI 素材文件导入为合成，如图 2-153 所示。双击"项目"面板中的自动生成的合成，在"合成"窗口中显示该合成，效果如图 2-154 所示。

图 2-153

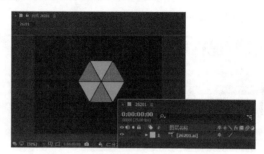
图 2-154

03. 在"时间轴"面板上的 26201.ai 图层上单击鼠标右键，在弹出菜单中选择"从矢量图层创建形状"命令，如图 2-155 所示。得到相应的形状图层后，将 26201.ai 图层删除，如图 2-156 所示。

图 2-155

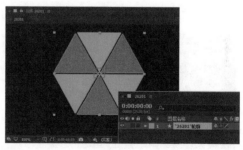
图 2-156

04. 选中得到的形状图层，使用"向后平移（锚点）工具"，调整该图层中心点的位置，如图 2-157 所示。打开"对齐"面板，分别单击"水平居中对齐"和"垂直居中对齐"按钮（见图 2-158），将该图层中的形状图形对齐合成的中心位置。

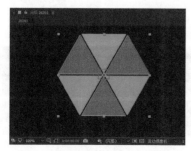
图 2-157

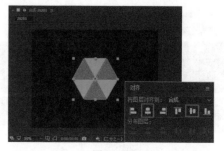
图 2-158

05. 展开"'26021'轮廓"图层的"内容"选项区，可以看到"组 1"至"组 6"分别表示每个小三角形，如

图 2-159 所示。为"组 1"至"组 6"中的"变换"选项中的"位置"属性插入关键帧，如图 2-160 所示。

图 2-159   图 2-160

06. 选中该图层，按快捷键 U，只显示"组 1"至"组 6"的"变换"选项中的"位置"属性，如图 2-161 所示。选中"组 5"的关键帧，按组合键 Ctrl+C，将"时间指示器"移至 1 秒位置，选择"组 1"，按组合键 Ctrl+V 粘贴关键帧，如图 2-162 所示。

图 2-161   图 2-162

07. 选中"组 2"的关键帧，按组合键 Ctrl+C，将"时间指示器"移至 1 秒位置，选择"组 4"，按组合键 Ctrl+V 粘贴关键帧，如图 2-163 所示。选中"组 3"的关键帧，按组合键 Ctrl+C，将"时间指示器"移至 2 秒位置，选择"组 1"，按组合键 Ctrl+V 粘贴关键帧，如图 2-164 所示。

图 2-163   图 2-164

08. 选中"组 6"的关键帧，按组合键 Ctrl+C，将"时间指示器"移至 2 秒位置，选择"组 4"，按组合键 Ctrl+V 粘贴关键帧，如图 2-165 所示。将该图层中的"组 2""组 3""组 5"和"组 6"删除，只保留"组 1"和"组 4"，如图 2-166 所示。

图 2-165   图 2-166

09. 此时，"合成"窗口中的效果如图 2-167 所示。同时选中初始帧的两个"位置"属性关键帧（见图 2-168），按组合键 Ctrl+C。

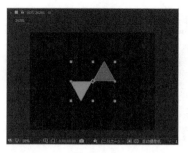

图 2-167　　　　　　　　　　　　　　　　图 2-168

10. 将"时间指示器"移至 3 秒位置，按组合键 Ctrl+V 粘贴关键帧（见图 2-169），从而使两个三角形位置交错的动画形成一个循环。拖动鼠标选中所有的关键帧，在关键帧上单击鼠标右键，在弹出菜单中选择"关键帧辅助 > 缓动"命令（见图 2-170），为选中的这多个关键帧添加"缓动"效果。

图 2-169　　　　　　　　　　　　　　　　图 2-170

11. 完成"缓动"效果的添加后，可以看到关键帧图标发生了变化，如图 2-171 所示。将"时间指示器"移至初始位置，展开该图层的整体"变换"选项，为"旋转"属性添加关键帧，如图 2-172 所示。

图 2-171　　　　　　　　　　　　　　　　图 2-172

12. 将"时间指示器"移至 3 秒位置，设置其"旋转"属性值为 –1（见图 2-173），表示该图层中图形逆时针旋转一圈。执行"图层 > 新建 > 纯色"命令，程序弹出"纯色设置"对话框，按图 2-174 设置各项参数所示。

图 2-173　　　　　　　　　　　　　　　　图 2-174

13. 单击"确定"按钮，新建纯色图层，将该纯色调整调整至底层，效果如图 2-175 所示。在"项目"面板上的合成上单击鼠标右键，在弹出菜单中选择"合成设置"命令，弹出"合成设置"对话框，修改"持续时间"为 3 秒，如图 2-176 所示。

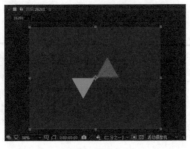 

图 2-175   图 2-176

14. 单击"确定"按钮，完成"合成设置"对话框的设置，"时间轴"面板如图 2-177 所示。

图 2-177

15. 执行"文件 > 保存"命令保存文件。单击"预览"面板上的"播放 / 停止"按钮 ▶ ，可以在"合成"窗口中预览动画效果，如图 2-178 所示。

图 2-178

2.6.3 图表编辑器

"图表编辑器"是 After Effects 在整合了以往版本的速率图表的基础上，提供的更强大、更丰富的动画控制功能模块，使用该模块可以更方便地查看和操作属性值、关键帧、关键帧插值和速率等。

单击"时间轴"面板上的"图表编辑器"按钮 ▣ ，即可将"时间轴"面板右侧的关键帧编辑区域切换为图表编辑器的显示状态，如图 2-179 所示。

图 2-179

"图表编辑器"界面主要是以曲线图的形式显示所使用的效果和动画的改变情况。曲线的显示包括两方面的信息：一方面是数值图形，显示的是当前属性的数值；另一方面是速度图形，显示的是当前属性数值速度变化的情况。

"选择具体显示在图表编辑器中的属性"按钮 ◉ ：单击该按钮，可以在弹出菜单中选择需要在图表编辑器中查看的属性选项，如图 2-180 所示。

"选择图表类型和选项"按钮 ▦ ：单击该按钮，可以在弹出菜单中选择图表编辑器中所显示的图表类型及需要在图表编辑器中显示的相关选项，如图 2-181 所示。

"选择多个关键帧时，显示'变换'框"按钮 ▦ ：该按钮默认为激活状态，在图表编辑器中同时选中多个关键帧，程序将显示变换框，可以对所选中的多个关键帧进行变换操作，如图 2-182 所示。

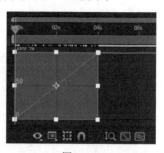

图 2-180　　　　　　　　　　图 2-181　　　　　　　　　　图 2-182

"对齐"按钮 ：该按钮默认为激活状态，表示在图表编辑器中进行关键帧的相关操作时会进行自动吸附对齐操作。

"自动缩放图表高度"按钮 ：该按钮默认为激活状态，表示将以曲线高度为基准自动缩放图表编辑器视图。

"使选择适于查看"按钮 ：单击该按钮，可以将被选中的关键帧自动调整到适合的视图范围，便于查看和编辑。

"使所有图表适于查看"按钮 ：单击该按钮，可以自动调整视图，将所有图表编辑器中所有图表都显示在视图范围内。

"单独尺寸"按钮 ：单击该按钮，可以在图表编辑器中分别单独显示属性的不同控制选项。

"编辑选定的关键帧"按钮 ：单击该按钮，显示出关键帧编辑选项，与在关键帧上单击鼠标右键所弹出的编辑选项相同，如图 2-183 所示。

"将选定的关键帧转换为定格"按钮 ：单击该按钮，可以将当前选择的关键帧保持现有的动画曲线。

"将选定的关键帧转换为线性"按钮 ：单击该按钮，可以将当前选择的关键帧前后控制手柄变成直线。

"将选定的关键帧转换为自动贝赛尔曲线"按钮 ：单击该按钮，可以将当前选择的关键帧前后控制手柄变成自动的贝塞尔曲线。

图 2-183

"缓动"按钮 ：单击该按钮，可以为当前选择的关键帧添加默认的缓动效果。

"缓入"按钮 ：单击该按钮，可以为当前选择的关键帧添加默认的缓入动画效果。

"缓出"按钮 ：单击该按钮，可以为当前选择的关键帧添加默认的缓出动画效果。

实战　制作小球弹跳变换动画

源文件：资源包 \ 源文件 \ 第 2 章 \2-6-3.aep　　　视频：资源包 \ 视频 \ 第 2 章 \2-6-3.mp4

01. 在 After Effects 中新建一个空白的项目，执行"合成 > 新建合成"命令，弹出"合成设置"对话框，按图 2-184 所示设置各项参数。单击"确定"按钮，新建合成。执行"文件 > 导入 > 文件"命令，导入素材 26301.jpg 和 26302.png，"项目"面板如图 2-185 所示。

图 2-184　　　　　　　　　　　　　　图 2-185

02. 在"项日"面板中将 26301.jpg 素材拖入"时间轴"面板中,将该图层锁定,如图 2-186 所示。使用"矩形工具",在工具栏中设置"填充"为 #FFC000,"描边"为无,在"合成"窗口中按住 Shift 键拖动鼠标,绘制一个正方形,如图 2-187 所示。

 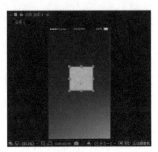

图 2-186   图 2-187

03. 使用"向后平移(锚点)工具",调整刚刚所绘制的正方形的中心点位置,如图 2-188 所示。按组合键 Ctrl+R,在"合成"窗口中显示出标尺,从标尺中拖出参数线,定位图形降落的位置,如图 2-189 所示。

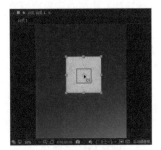 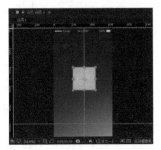

图 2-188   图 2-189

专家提示

之所以要调整所绘制图形的中心点位置为图形的中心,是因为后面需要对图形进行缩放等操作,图形的缩放、旋转等变换操作都是以中心点为中心进行的。拖入参考线主要是为了后面在制作动画的过程中,方便确定图形下落的位置。

04. 在"时间轴"面板中展开"形状图层 1"的属性选项,单击"内容"选项右侧的"添加"按钮,在弹出菜单中选择"圆角"选项,如图 2-190 所示。展开"圆角 1"选项,设置"半径"为 150,可以看到正方形变成了正圆形,如图 2-191 所示。

 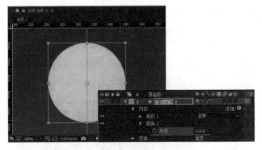

图 2-190   图 2-191

专家提示

此处为该形状图层添加"圆角"属性,是后面在动画过程中从圆形转变为圆角矩形的关键所在。在调整圆角的半径值时,根据所绘制的正方形大小不同,所需要设置的"半径"值也会有所不同,也可以直接在"半径"属性值上拖动鼠标调整一个较大的值,因为变成圆以后,即使再大的半径值也还是正圆形。

05. 单击"半径"属性前的"秒表"图标 ⏱，插入该属性关键帧，如图 2-192 所示。展开"内容"选项中"矩形 1" 选项中的"矩形路径 1"选项，单击"大小"属性前的"秒表"图标 ⏱，插入该属性关键帧，如图 2-193 所示。

图 2-192　　　　　　　　　　　　　　　　　图 2-193

06. 展开"变换"选项，单击"位置"属性前的"秒表"图标 ⏱，插入该属性关键帧，如图 2-194 所示。选中 "形状图层 1"，按快捷键 U，在该图层下方只显示出添加了关键帧的属性，如图 2-195 所示。

图 2-194　　　　　　　　　　　　　　　　　图 2-195

> **专家提示**
>
> 　　在该图层的动画中，我们主要制作的就是图形的"大小""位置"和"圆角半径"这 3 个属性的动画效果，所以 这里事先把相关的属性插入关键帧。按快捷键 U，可以在该图层下方只显示添加了关键帧的属性，非常方便，否则每 个图层下方都包含很多属性，操作起来非常不方便。

07. 制作圆球下落的动画效果。将图形垂直向上移出场景，如图 2-196 所示。将"时间指示器"移至 0:00:00:13 的位置，在"合成"窗口中将图形向下移至合适的位置，如图 2-197 所示。

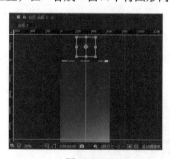
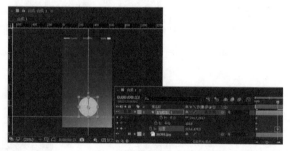

图 2-196　　　　　　　　　　　　　　　　　图 2-197

08. 将"时间指示器"移至 0:00:01:00 的位置，在"合成"窗口中将图形向上移至合适的位置，如图 2-198 所示。 完成该图形下落弹起的动画，在"时间轴"面板中同时选中"位置"属性的 3 个关键帧，如图 2-199 所示。

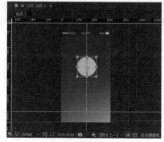

图 2-198　　　　　　　　　　　　　　　　　图 2-199

09. 在关键帧上单击鼠标右键，在弹出菜单中选择"关键帧辅助 > 缓动"命令（见图 2-200），或者按快捷键 F9，为选中的这 3 个关键帧添加"缓动"效果。完成"缓动"效果的添加后，可以看到关键帧图标发生了变化，如图 2-201 所示。

图 2-200

图 2-201

专家提示

普通的位置移动的动画所表现出来的效果会有些过于生硬，为相应的关键帧添加"缓动"效果后，可以使位置移动的动画表现得更加自然、真实。普通的关键帧在"时间轴"面板中显示为菱形图标效果，而添加了"缓动"效果的关键帧，图标显示为两个对立的三角形。

10. 在"图表编辑器"中调整图形落下的缓动效果。单击"时间轴"面板上的"图表编辑器"按钮 ■，切换到图表编辑器的显示状态，如图 2-202 所示。单击"选择图表类型和选项"按钮 ■，在弹出菜单中选择"编辑速度图表"选项，再单击"使所有图表适于查看"按钮 ■，使该部分图表充满整个面板，如图 2-203 所示。

图 2-202

图 2-203

11. 根据运动规律，对速度曲线进行调整，选中曲线锚点，显示黄色的方向线，拖动即可调整速度曲线，如图 2-204 所示。再次单击"图表编辑器"按钮，返回"时间轴"面板，接下来制作该图形下落过程中变形的动画效果。将"时间指示器"移至 0:00:00:11 的位置，通过调整该图形的"大小"属性改变形状，如图 2-205 所示。

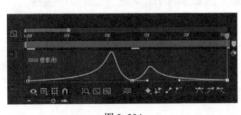

图 2-204

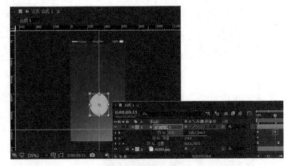

图 2-205

12. 将"时间指示器"移至 0:00:00:13 的位置，通过调整该图形的"大小"属性改变形状，并将其调整至合适的位置，如图 2-206 所示。选择"大小"属性起始位置的关键帧，按组合键 Ctrl+C 进行复制，将"时间指示器"移至 0:00:01:00 的位置，按组合键 Ctrl+V 粘贴关键帧，效果如图 2-207 所示。

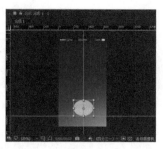

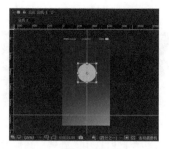

图 2-206　　　　　　　　　　　　　　　　　图 2-207

13. 在"时间轴"面板中同时选中"大小"属性的 4 个关键帧，如图 2-208 所示。按快捷键 F9，为这 4 个关键帧应用"缓动"效果。关键帧如图 2-209 所示。

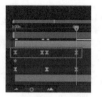

图 2-208　　　　　　　　　　　　　　　　　图 2-209

14. 将"时间指示器"移至 0:00:01:00 的位置，在"项目"面板中将 26302.png 素材拖入"时间轴"面板中，并将其调整到与下方的圆形差不多的大小和位置，如图 2-210 所示。选中 26302.png 图层，按快捷键 T，显示该图层的"不透明度"属性，降低该图层的不透明度，如图 2-211 所示。

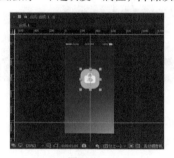

图 2-210　　　　　　　　　　　　　　　　　图 2-211

15. 将"时间指示器"移至 0:00:00:19 的位置，选择"形状图层 1"下方的"半径"属性，单击该属性左侧的"添加关键帧"按钮 ◇，在当前位置插入该属性关键帧，如图 2-212 所示。

16. 将"时间指示器"移至 0:00:01:00 的位置，修改"形状图层 1"下方的"半径"属性值，使图形的圆角效果与 26302.png 这个图标的圆角效果差不多，如图 2-213 所示。

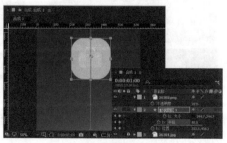

图 2-212　　　　　　　　　　　　　　　　　图 2-213

17. 选择"形状图层 1"图层，按快捷键 R，在该图层下方显示"旋转"属性，将"时间指示器"移至 0:00:00:19 的位置，为"旋转"属性插入关键帧，如图 2-214 所示。将"时间指示器"移至 0:00:01:00 的位置，设置"旋转"属性值为 180 度，如图 2-215 所示。

图 2-214　　　　　　　　　　　　　　　图 2-215

18. 在"时间轴"面板中同时选中"旋转"属性的两个关键帧，如图 2-216 所示。按快捷键 F9，为这两个关键帧应用"缓动"效果。关键帧如图 2-217 所示。

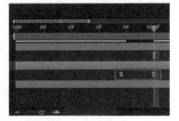

图 2-216　　　　　　　　　　　　　　　图 2-217

19. 选择 26302.png 图层，将"时间指示器"移至 0:00:01:00 的位置，设置其"不透明度"属性为 0%，并为该属性插入关键帧，如图 2-218 所示。将"时间指示器"移至 0:00:01:14 的位置，设置其"不透明度"属性为 100%，如图 2-219 所示。

图 2-218　　　　　　　　　　　　　　　图 2-219

20. 在"项目"面板上的合成上单击鼠标右键，在弹出菜单中选择"合成设置"命令，弹出"合成设置"对话框，修改"持续时间"为 3 秒，如图 2-220 所示。单击"确定"按钮，完成"合成设置"对话框的设置。"时间轴"面板如图 2-221 所示。

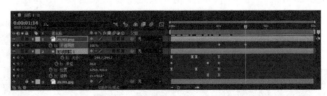

图 2-220　　　　　　　　　　　　　　　图 2-221

21. 执行"文件 > 保存"命令保存文件。单击"预览"面板上的"播放 / 停止"按钮，可以在"合成"窗口中预览动画效果，如图 2-222 所示。

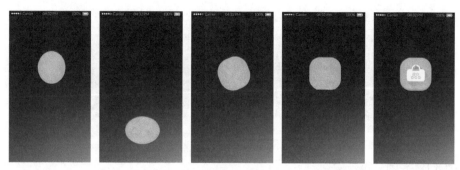

图 2-222

2.7　图层蒙版与形状路径

After Effects 中的蒙版是一个非常实用的功能。蒙版就是为图形创建一个封闭形状的选区，主要用来制作背景的镂空透明和图像间的平滑过渡等。蒙版中有多种形状，After Effects 提供了多种创建蒙版的遮罩工具。

2.7.1　蒙版原理

蒙版就是通过蒙版层中的图形或轮廓对象，透出下面图层中的内容。通俗一点说，蒙版就像是上面挖了一个洞的一张纸，而蒙版图像就是透过蒙版层上面的洞所观察到的事物。就像一个人拿着一个望远镜向远处眺望，在这里，望远镜就可以看成是蒙版层，而看到的事物就是蒙版层下方的图像。

在 After Effects 软件中，可以在一个素材图层上绘制形状轮廓，从而制作蒙版，看上去像是一个层，但是一般来说，蒙版需要具备两个图层，一个为形状轮廓层，即蒙版层；另一个是被蒙版层，即蒙版下面的素材层。

当为某个对象创建了蒙版后，位于蒙版范围内的区域是可以被显示的，而位于蒙版范围以外的区域将不被显示，因此，蒙版的轮廓形状和范围就决定了人们所能看到的图像的形状和范围，如图 2-223 所示。

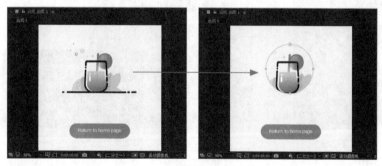

图 2-223

专家提示

After Effects 中的蒙版是由线段和控制点构成的，线段是连接两个控制点的直线或曲线，控制点定义了每条线段的开始点和结束点。路径可以是开放的也可以是闭合的，开放路径有着不同的开始点和结束点，如直线或曲线；而闭合路径是连续的，没有开始点和结束点。

2.7.2　创建蒙版

创建的蒙版可以有很多种形状，After Effects 的工具栏提供的多处矢量绘图工具都可以创建蒙版。

能够创建规则形状蒙版的工具，包括"矩形工具""圆角矩形工具""椭圆工具""多边形工具"和"星形工具"，如图 2-224 所示；能够创建自由形状也就是不规则形状蒙版的工具，包括"钢笔工具""画笔工具"和

"橡皮擦工具"，其中"钢笔工具"的菜单还包括其他的相关形状编辑工具，如图 2-225 所示。

图 2-224　　　　　　　　　　　　　图 2-225

实战　创建基础的矩形蒙版

源文件：资源包 \ 源文件 \ 第 2 章 \2-7-2.aep　　　　视频：资源包 \ 视频 \ 第 2 章 \2-7-2.mp4

01. 在 After Effects 中新建一个空白的项目，执行"合成 > 新建合成"命令，程序弹出"合成设置"对话框，按图 2-226 所示设置各项参数。单击"确定"按钮，新建合成。执行"文件 > 导入 > 文件"命令，在弹出的"导入文件"对话框中同时选中多个需要导入的素材文件，如图 2-227 所示。

图 2-226　　　　　　　　　　　　　图 2-227

02. 单击"导入"按钮，将所选中的素材导入"项目"面板中，如图 2-228 所示。在"项目"面板中将素材 27201.jpg 拖入"时间轴"面板中，如图 2-229 所示。

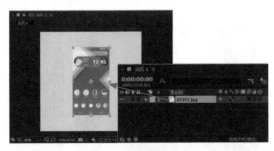

图 2-228　　　　　　　　　　　　　图 2-229

03. 在"项目"面板中将素材 27202.jpg 拖入"时间轴"面板中，如图 2-230 所示。在"时间轴"面板中选中需要添加蒙版的 27202.jpg 图层，使用"矩形工具"，在"合成"窗口中合适的位置绘制一个矩形，即可为该图层创建矩形蒙版，如图 2-231 所示。

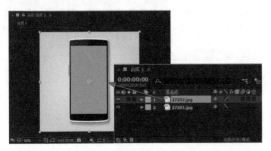

图 2-230　　　　　　　　　　　　　图 2-231

04. 在"时间轴"面板上可以看到 27202.jpg 图层下方自动出现蒙版选项，勾选"蒙版 1"选项后的"反转"按钮（见图 2-232），可以反转蒙版的效果，"合成"窗口中的效果如图 2-233 所示。

图 2-232　　　　　　　　　　　　　　　　图 2-233

> **专家提示**
>
> 在 After Effect 中，首先需要选中要创建蒙版的图层，然后使用绘图工具在"合成"窗口中绘制蒙版形状，就能为选中的图层创建蒙版。如果在创建蒙版时没有选中任何图层，则在"合成"窗口中将直接绘制出形状图形，在"时间轴"面板中也会新增该图形的形状图层，而不会创建任何蒙版。

> **专家提示**
>
> 选择需要创建蒙版的图层后，双击工具栏中的"矩形工具"按钮，可以快速创建一个与所选择图层像素大小相同的矩形蒙版；如果在绘制矩形蒙版时按住 Shift 键，可以创建一个正方形蒙版；如果按住 Ctrl 键，则可以从中心开始向外绘制蒙版。

2.7.3　修改与设置蒙版

在创建蒙版时，有时候也许不能一步到位，或者对创建出的蒙版形状不满意，这时就需要对已经创建好的蒙版形状进行修改操作，以得到更精确、更适合的蒙版轮廓形状。

1．选择节点

在 After Effects 中，不管使用哪种工具创建蒙版，所创建出来的蒙版都是由路径和控制点构成的，这些控制点就是节点，如图 2-234 所示。如果想要修改蒙版形状轮廓，就需要对这些节点进行操作，选中状态的节点将呈现实心方形，而没有选中的节点将呈空心的方形效果，如图 2-235 所示。

图 2-234　　　　　　　　　　　　　　　　图 2-235

选择节点的方法很简单，选中创建了蒙版的图层，单击工具栏中的"选择工具"按钮，在蒙版图形的节点上单击，即可选择一个节点。如果想同时选择多个节点，可以按住 Shift 键不放，分别单击需要选择的节点。

也可以使用框选的方式选择节点。首先在"时间轴"面板中选中图层的蒙版，然后在"合成"窗口中单击鼠标左键并拖动鼠标，界面中将出现一个矩形框（见图 2-236），松开鼠标左键，被矩形框选中的节点将被选中。

图 2-236

2．移动节点

移动节点其实就是修改蒙版的形状，通过选择不同的节点并移动，可以将椭圆或矩形改变成不规则形状。

使用工具栏中的"选择工具"，在蒙版图形上选择任意一个或多个节点，直接拖动选中的节点，即可对所选中的节点进行移动操作，如图 2-237 所示。也可以在选中节点的状态下，使用键盘上的方向键移动选中的节点。

图 2-237

3．使用"钢笔工具"进行修改

绘制好的蒙版形状，可以通过后期的节点添加或删除操作来改变形状的结构，下面分别介绍钢笔工具组中各工具的使用方法。

"添加'顶点'工具"按钮：使用该工具可以为蒙版添加新的节点，从而更好地对节点进行控制调节。单击工具栏中的"添加'顶点'工具"按钮，在蒙版路径上单击即可添加节点，单击多次可以添加多个节点，如图 2-238 所示。

图 2-238

"删除'顶点'工具"按钮：使用该工具可以将蒙版上多余的点删除。单击工具栏中的"删除'顶点'工具"按钮，在蒙版路径上多余的顶点上单击，即可将其删除。

删除多余节点的方法除了可以使用"删除'顶点'工具"外，还可以在选择节点的状态下，按键盘上的 Delete 键。

"转换'顶点'工具"按钮 ：使用该工具可以将曲线转换为直线或将直线转换为曲线。单击工具栏中的"转换'顶点'工具"按钮，在合适的节点上单击即可将曲线点转换为直线角点（见图 2-239）或者将直线角点转换为曲线点。

图 2-239

使用"转换'顶点'工具"将曲线转换为直线后，角点的两侧线条都是直线，没有弯曲角度；而将直线转换为曲线后，曲线点的两侧有两个控制柄，可以控制曲线的弯曲程度，当角点转换成曲线点后，通过使用"选择工具"，可以手动调节曲线点两侧的控制柄，以修改蒙版的形状。

"蒙版羽化工具"按钮：使用该工具可以对蒙版形状的边缘进行羽化操作。完成蒙版的创建后，单击工具栏中的"蒙版羽化工具"按钮，在蒙版路径上单击并拖动鼠标，即可看到对蒙版图形的边缘进行羽化操作的效果，如图 2-240 所示。

图 2-240

4．锁定蒙版

后期在制作动画的过程中，为了避免操作中不必要的失误，可以将蒙版进行锁定，锁定后的蒙版不能进行任何的编辑操作，因此为用户在动画制作的过程中提供了很大的帮助。

"时间轴"面板显示图层的蒙版属性，单击蒙版左侧的"锁定"位置能锁定蒙版，在该位置显示一个小锁图标，即表示该蒙版已经被锁定，如图 2-241 所示。

图 2-241

5．变换蒙版

在蒙版的路径上双击，程序会显示一个蒙版调节框，将光标移动至边框周围的任意位置，将出现旋转光标，拖动鼠标即可对整个蒙版图形进行旋转操作，如图 2-242 所示。

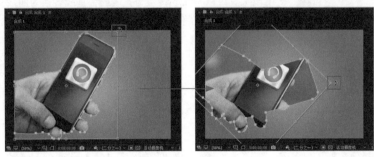

图 2-242

将光标放置在蒙版调节框的任意一个节点上时，光标变成双向箭头效果，拖动鼠标即可对整个蒙版图形进行缩放操作，如图 2-243 所示。

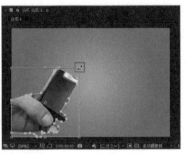

图 2-243

6．设置蒙版属性

完成图层蒙版的添加后，在"时间轴"面板中展开该图层下方的蒙版选项，可以看到用于对蒙版进行设置的各种属性，如图 2-244 所示。通过这些属性可以对该图层蒙版效果进行设置，并且还可以为蒙版属性添加关键帧，从而制作出相应的蒙版动画效果。

图 2-244

（1）蒙版路径

该选项用于设置蒙版的路径范围，也可以为蒙版节点制作关键帧动画。单击该属性右侧的"形状 ..."文字，程序弹出"蒙版形状"对话框，在该对话框中可以对蒙版的定界框和形状进行设置，如图 2-245 所示。

在"定界框"选项组中，通过修改顶部、左侧、右侧和底部选项的参数，可以修改当前蒙版的大小；在"形状"选项组中，可以将当前的蒙版形状快速修改为矩形或椭圆形，如图 2-246 所示。

图 2-245　　　　　　　　　　　　　　　　　　　　图 2-246

（2）蒙版羽化

该选项用于设置蒙版羽化的效果。可以通过羽化蒙版得到更自然的融合效果，并且水平和垂直方向可以设置不同的羽化值。单击该选项后的"约束比例"按钮，可以锁定或解除水平和垂直方向的约束比例。如图2-247 所示为设置"蒙版羽化"的效果。

（3）蒙版不透明度

该选项用于设置蒙版的不透明度。如图 2-248 所示为设置"蒙版不透明度"为 40% 的效果。

图 2-247　　　　　　　　　　　　　　　　　　　　图 2-248

（4）蒙版扩展

该选项可以设置蒙版图形的扩展程度，如果设置"蒙版扩展"属性值为正值，则扩展蒙版区域，如图 2-249 所示；如果设置"蒙版扩展"属性值为负值，则收缩蒙版区域，如图 2-250 所示。

图 2-249　　　　　　　　　　　　　　　　　　　　图 2-250

实战　制作指纹扫描动画效果

源文件：资源包 \ 源文件 \ 第 2 章 \2-7-3.aep　　　视频：资源包 \ 视频 \ 第 2 章 \2-7-3.mp4

01. 在 After Effects 中新建一个空白的项目，执行"合成 > 新建合成"命令，程序弹出"合成设置"对话框，按图 2-251 对相关选项进行设置。单击"确定"按钮，新建合成。执行"文件 > 导入 > 文件"命令，在弹出的"导入文件"对话框中同时选中多个需要导入的素材文件，如图 2-252 所示。

图 2-251　　　　　　　　　　　　　图 2-252

02. 单击"导入"按钮，将所选中的素材导入"项目"面板中，如图 2-253 所示。在"项目"面板中将素材 27304.jpg 和 27305.ai 分别拖入"时间轴"面板中，如图 2-254 所示。

图 2-253　　　　　　　　　　　　　图 2-254

03. 在 27305.ai 图层上单击鼠标右键，在弹出菜单中选择"从矢量图层创建形状"命令，得到相应的形状图层，将 27305.ai 图层删除，在"合成"窗口将该形状图形调整到合适的大小和位置，如图 2-255 所示。"时间轴"面板如图 2-256 所示。

图 2-255　　　　　　　　　　　　　图 2-256

04. 不要选中任何对象，使用"矩形工具"，在"工具栏"中设置"填充"为无，"描边"为黑色，"描边粗细"为 2px，在"合成"窗口中按住 Shift 键绘制一个正方形，如图 2-257 所示。在"形状图层 1"的"内容"选项后单击"添加"按钮，在弹出菜单中选择"修剪路径"选项，如图 2-258 所示。

图 2-257　　　　　　　　　　　　　图 2-258

05. 展开"修剪路径 1"选项，对相关选项进行设置，效果如图 2-259 所示。选择"形状图层 1"，按组合键

Ctrl+C 复制该图层，按组合键 Ctrl+V 粘贴图层得到"形状图层 2"，展开"变换"选项，设置"旋转"属性为 90 度，效果如图 2-260 所示。

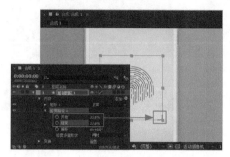 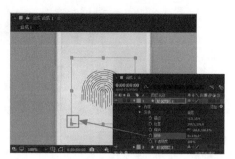

图 2-259   图 2-260

06. 使用相同的制作方法，可以将该形状图层再复制两次并分别设置"旋转"属性，效果如图 2-261 所示。在"时间轴"面板中将不需要制作动画的图层锁定，如图 2-262 所示。

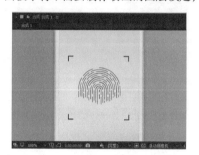 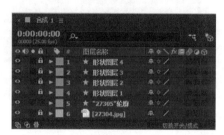

图 2-261   图 2-262

07. 使用"矩形工具"，在"工具栏"中设置"填充"为任意颜色，"描边"为无，在"合成"窗口中绘制一个矩形，如图 2-263 所示。复制"形状图层 5"图层，按组合键 Ctrl+V 粘贴图层得到"形状图层 6"图层，如图 2-264 所示。

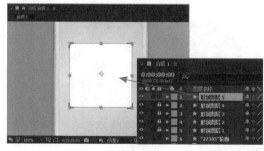 

图 2-263   图 2-264

08. 将"形状图层 6"图层隐藏，选择"形状图层 5"图层，使用"矩形工具"，在"工具栏"中单击"填充"文字，在弹出的"填充选项"对话框中选择"线性渐变"选项（见图 2-265），单击"确定"按钮。"形状图层 5"的"内容"选项中的"渐变填充 1"选项如图 2-266 所示。

图 2-265   图 2-266

09. "渐变填充 1"选项中设置"结束点"选项，在"合成"窗口中使用"旋转工具"对该矩形进行旋转操作，效果如图 2-267 所示。单击"渐变填充 1"选项中"颜色"选项后的"编辑渐变"按钮，在弹出的"渐变编辑器"对话框中设置渐变颜色，如图 2-268 所示。

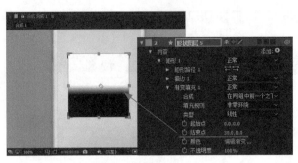
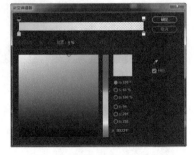

<table>
<tr><td>图 2-267</td><td>图 2-268</td></tr>
</table>

10. 单击 "确定" 按钮，完成渐变颜色的设置。设置 "渐变填充 1" 选项中 "起始点" 和 "结束点" 选项，如图 2-269 所示。在 "合成" 窗口中可以看到渐变填充的效果，如图 2-270 所示。

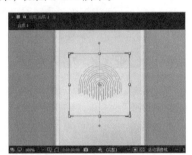

<table>
<tr><td>图 2-269</td><td>图 2-270</td></tr>
</table>

11. 选择 "形状图层 5" 图层，使用 "选择工具" 在 "合成" 窗口中将矩形缩小，如图 2-271 所示。在 "时间轴" 面板中设置 "形状图层 5" 的 "轨道遮罩" 属性为 "Alpha 遮罩"，按快捷键 P，显示出该图层的 "位置" 属性，如图 2-272 所示。

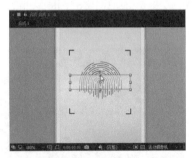

<table>
<tr><td>图 2-271</td><td>图 2-272</td></tr>
</table>

12. 在 "合成" 窗口中将渐变矩形向下移至合适的位置，为 "位置" 属性插入关键帧，如图 2-273 所示。将 "时间指示器" 移至 2 秒位置，在 "合成" 窗口中将渐变矩形向上移至合适的位置，如图 2-274 所示。

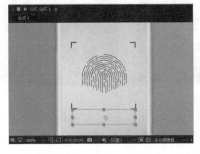

图 2-273

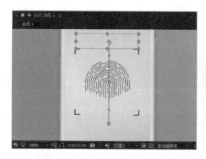

图 2-274

13. 同时选中刚创建的两个位置关键帧，在关键帧上单击鼠标右键，在弹出菜单中选择"关键帧辅助 > 缓动"命令，为选中的两个关键帧应用"缓动"效果，如图 2-275 所示。在"项目"面板上的合成上单击鼠标右键，在弹出菜单中选择"合成设置"命令，弹出"合成设置"对话框，修改"持续时间"为 3 秒，如图 2-276 所示。

图 2-275　　　　　　　　　　　　　　　　　　图 2-276

14. 单击"确定"按钮，完成"合成设置"对话框的设置。"时间轴"面板如图 2-277 所示。

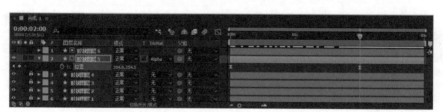

图 2-277

15. 执行"文件 > 保存"命令保存文件。单击"预览"面板上的"播放 / 停止"按钮 ▶，可以在"合成"窗口中预览动画效果，如图 2-278 所示。

图 2-278

2.8　渲染输出

在交互动画的制作过程中，渲染是制作完成的最后一个步骤，也是非常关键的一步。After Effects 可以将合成项目渲染输出成视频文件或者序列图片等，由于渲染的格式影响着影片最终呈现出来的效果，因此即使前面制作得再精妙，不成功的渲染也会直接导致操作的失败。如果需要将交互动画输出为GIF格式的动画图片，则需要与Photoshop软件相结合。

2.8.1　渲染工作区

当设计师完成一个项目文件的制作时，最终都需要将其渲染输出，有时候只需要将影片中的一部分渲染输出，而不是渲染输出整个工作区的影片，此时就需要调整渲染工作区。

渲染工作区位于"时间轴"面板中，由"工作区域开头"和"工作区域结尾"两个点来控制渲染区域，如图2-279所示。

图 2-279

调整渲染工作区的方法有两种，一种是通过手动调整渲染工作区，另一种是使用快捷键调整渲染工作区。两种方法都可以完成渲染工作区的调整设置，从而渲染输出部分影片。

1．手动调整渲染工作区

手动调整渲染工作区的方法很简单，只需要分别拖动"工作区域开头"图标和"工作区域结尾"图标至合适的位置即可，如图2-280所示。

图 2-280

> **专家提示**
>
> 如果想要精确地控制开始或结束工作区的时间帧位置，就将"时间指示器"调整到相应的位置，然后按住 Shift 键的同时拖动开始或结束工作区，吸附到"时间指示器"的位置。

2．使用快捷键调整渲染工作区

除了手动调整渲染工作区外，还可以使用快捷键进行调整，操作起来更加方便快捷。

在"时间轴"面板中将"时间指示器"拖动至需要的时间帧位置，按快捷键B，即可调整"工作区域开头"到当前的位置。

在"时间轴"面板中将"时间指示器"拖动至需要的时间帧位置，按快捷键N，即可调整"工作区域结尾"到当前的位置。

2.8.2　渲染设置

在 After Effects 中，设计者主要是通过"渲染队列"面板来设置渲染输出动画的。在该面板中可以控制整个渲染进度，整理各个合成项目的渲染顺序，设置每个合成项目的渲染质量、输出格式和路径等。

执行"合成 > 添加到渲染队列"命令，或按组合键 Ctrl+M，即可打开"渲染队列"面板，如图2-281所示。

图 2-281

1．渲染设置

在"渲染队列"面板中某个需要渲染输出的合成下方，单击"渲染设置"选项右侧的下三角按钮 ，即可在弹出菜单中选择系统自带的渲染预设，如图 2-282 所示。

最佳设置：选择该选项，程序会以最好的质量渲染当前动画，该选项为默认选项。

DV 设置：选择该选项，程序则会使用 DV 模式设置进行项目渲染。

图 2-282

多机设置：选择该选项，程序将使用多机器渲染设置进行项目渲染。

当前设置：选择该选项，程序会使用在合成窗口中的参数设置。

草图设置：选择该选项，程序将使用草稿质量输出影片。一般情况下，设计者会在测试观察时使用。

自定义：选择该选项，程序弹出"渲染设置"对话框（见图 2-283），用户可以在该对话框中自定义渲染设置选项。

创建模板：选择该选项，程序弹出"渲染设置模板"对话框（见图 2-284），用户可以自行进行渲染模板的设置创建，创建的自定义模板也会出现在该弹出菜单中。

图 2-283　　　　　　　　　　图 2-284

2．日志

"渲染设置"选项右侧的"日志"选项主要用于设置渲染动画的日志显示信息，在该选项下拉列表中可以选择日志中需要记录的信息类型（见图 2-285），默认选择"仅错误"选项。

图 2-285

3．输出模块

在"渲染队列"面板中某个需要渲染输出的合成下方，单击"输出模块"选项右侧的下三角按钮 ，即可在弹出菜单中选择不同的输出模块，如图 2-286 所示。默认选择"无损"选项，表示所渲染输出的文件为无损压缩的视频文件。

单击"输出模块"右侧的加号按钮 ，可以为该合成添加一个输出模块（见图 2-287），可以添加一种输出的文件格式。

图 2-286　　　　　　　　　　　图 2-287

如果需要删除某种输出格式，可以单击该"输出模块"右侧的减号按钮 ➖ 。需要注意的是，必须保留至少一个输出模块。

4．输出到

"输出到"选项位于"渲染队列"面板中某个需要渲染输出的合成下方，主要用于设置该合成渲染输出的文件位置和名称。单击"输出到"选项右侧的下三角按钮 ，即可在弹出菜单中选择预设的输出名称格式，如图 2-288 所示。

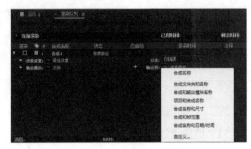

图 2-288

2.8.3 渲染输出

在"渲染队列"面板中完成渲染队列中合成下方相关渲染选项的设置后，单击"渲染队列"面板右侧的"渲染"按钮，即可按照设置对渲染队列中的合成进行渲染输出，并显示渲染进度，如图 2-289 所示。

图 2-289

在 After Effects 中，当一个动画文件制作完成后，就需要将最终的结果输出，以供开发人员更好地理解交互设计作品效果。After Effects 提供了多种输出的方式，但是相对于交互动画来说，最适宜的一种格式就是 QuickTime 格式的视频文件。其原因是便于之后导入在 Photoshop 中输出的 GIF 格式的动画文件。

> ▼**实战** 将动画输出为 MOV 格式视频文件
> 源文件：资源包 \ 源文件 \ 第 2 章 \2-8-3.mov　视频：资源包 \ 视频 \ 第 2 章 \2-8-3.mp4

01. 打开 After Effects，执行"文件 > 打开项目"命令，在弹出的"打开"对话框中选择"资源包 \ 源文件 \ 第 2 章 \2-7-3.aep"文件，如图 2-290 所示。单击"打开"按钮，在 After Effects 中打开该项目文件，如图 2-291 所示。

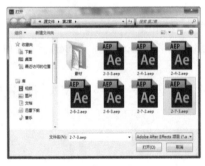

图 2-290

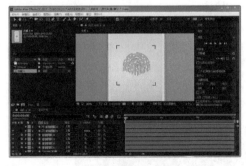

图 2-291

02. 执行"合成 > 添加到渲染队列"命令，将该动画中的合成添加到"渲染队列"面板中，如图 2-292 所示。单击"输出模块"选项后的"无损"文字，程序弹出"输出模块设置"对话框，设置"格式"选项为 QuickTime，其他选项采用默认设置，如图 2-293 所示。

图 2-292　　　　　　　　　　　　　　图 2-293

03. 单击"确定"按钮，完成"输出模块设置"对话框的设置，单击"输出到"选项后的文字，程序弹出"将
影片输出到"对话框，设置输出文件的名称和位置，如图 2-294 所示。单击"保存"按钮，完成该合成相
关输出选项的设置。"渲染队列"面板如图 2-295 所示。

图 2-294　　　　　　　　　　　　　　图 2-295

04. 单击"渲染队列"面板右上角的"渲染"按钮，即可按照当前的渲染输出设置对合成进行输出操作，输出
完成后在选择的输出位置出现所输出的 2-8-3.mov 文件，如图 2-296 所示。双击所输出的视频文件，程序
即可在视频播放器中播放动画效果，如图 2-297 所示。

图 2-296　　　　　　　　　　　　　　图 2-297

2.8.4　配合 Photoshop 输出 GIF 文件

渲染与输出往往是制作影视作品的最后一步，在交互动画中往往还需要将动画输出为 GIF 格式的动画文
件，但是在 After Effects 中无法直接输出 GIF 格式的动画文件，这时就需要配合 Photoshop 来输出。可以先在
After Effects 中输出 MOV 格式的视频文件，再将所输出的 MOV 格式视频导入 Photoshop 中，利用 Photoshop 来
输出 GIF 格式动画文件。

实战　使用 Photoshop 输出 GIF 动画

源文件：资源包\源文件\第 2 章\2-8-4.gif　　　视频：资源包\视频\第 2 章\2-8-4.mp4

01. 打开 Photoshop，执行"文件 > 导入 > 视频帧到图层"命令，程序弹出"打开"对话框，选择"资源包 \ 源文件 \ 第 2 章 \2-8-3.mov"文件，如图 2-298 所示。单击"打开"按钮，程序弹出"将视频导入图层"对话框，如图 2-299 所示。

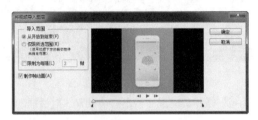

图 2-298　　　　　　　　　　　　　　图 2-299

02. 各选项采用默认设置，单击"确定"按钮，完成视频文件的导入，程序自动将视频中每一帧画面放入"时间轴"面板中，如图 2-300 所示。执行"文件 > 存储为 Web 所用格式"命令，程序弹出"存储为 Web 所用格式"对话框，如图 2-301 所示。

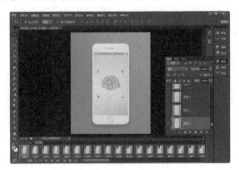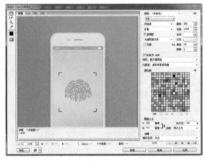

图 2-300　　　　　　　　　　　　　　图 2-301

03. 在"存储为 Web 所用格式"对话框中的右上角选择格式为 GIF，在右下角的"动画"选项区中设置"循环选项"为"永远"（见图 2-302），还可以单击播

图 2-302

放按钮，预览动画播放效果。单击"存储"按钮，程序弹出"将优化结果存储为"对话框，选择保存位置和保存文件名称，如图 2-303 所示。

04. 单击"保存"按钮，即可完成 GIF 格式动画文件的输出，在输出位置将出现输出的 GIF 文件，如图 2-304 所示。可以在浏览器中预览该 GIF 动画文件的动画效果，如图 2-305 所示。

图 2-303

图 2-304　　　　　　　　　　　　　　图 2-305

2.8.5　将动画嵌入手机模板

将动画嵌入手机模板的不规则动画效果经常出现在网络中，这样的效果是如何实现的呢？其实这样的效果在 After Effects 和 Photoshop 中都可以实现：如果是在 After Effects 中，可以通过为合成添加"边角固定"效果，从而对该合成进行调整，得到需要的效果；如果是在 Photoshop 中，可以将动画先输出为 GIF 动画文件，再通过 Photoshop 将该 GIF 动画创建为智能对象，将该智能对象嵌入手机模板中。

实战　将动画效果嵌入手机模板中
源文件：资源包＼源文件＼第 2 章 \2-8-5.gif　　视频：资源包＼视频＼第 2 章 \2-8-5.mp4

01. 打开 After Effects，执行"文件 > 打开项目"命令，打开项目文件"资源包\源文件\第 2 章\2-6-3.aep"，效果如图 2-306 所示。执行"合成 > 添加到渲染队列"命令，将该动画中的合成添加到"渲染队列"面板中，如图 2-307 所示。

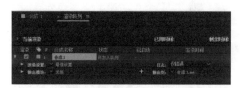

图 2-306　　　　　　　　　　　　　　　　　图 2-307

02. 单击"输出模块"选项后的"无损"文字，程序弹出"输出模块设置"对话框，设置"格式"选项为 QuickTime，其他选项采用默认设置（见图 2-308），单击"确定"按钮。单击"输出到"选项后的文字，程序弹出"将影片输出到"对话框，设置输出文件的名称和位置，如图 2-309 所示。

图 2-308　　　　　　　　　　　　　　　　　图 2-309

03. 单击"保存"按钮，完成该合成相关输出选项的设置，面板如图 2-310 所示。单击"渲染队列"面板右上角的"渲染"按钮，渲染输出视频文件 2-8-5.mov，如图 2-311 所示。

图 2-310

图 2-311

04. 打开 Photoshop，执行"文件 > 导入 > 视频帧到图层"命令，程序弹出"打开"对话框，选择"资源包 \ 源文件 \ 第 2 章 \2-8-5.mov"文件，如图 2-312 所示。单击"打开"按钮，程序弹出"将视频导入图层"对话框，如图 2-313 所示。

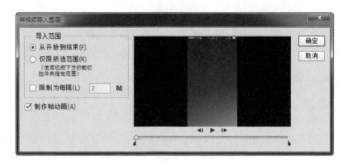

图 2-312　　　　　　　　　　　　　　　　　　　　图 2-313

05. 各选项采用默认设置，单击"确定"按钮，完成视频文件的导入，程序自动将视频中每一帧画面放入"时间轴"面板中，如图 2-314 所示。执行"文件 > 存储为 Web 所用格式"命令，程序弹出"存储为 Web 所用格式"对话框，如图 2-315 所示。

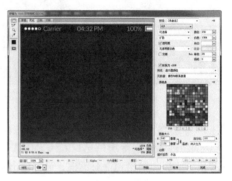

图 2-314　　　　　　　　　　　　　　　　　　　　图 2-315

06. 单击"存储"按钮，程序弹出"将优化结果存储为"对话框，选择保存位置和保存文件名称，如图 2-316 所示。单击"保存"按钮，即可完成 GIF 格式动画文件的输出。在输出位置将出现输出的 GIF 文件，如图 2-317 所示。

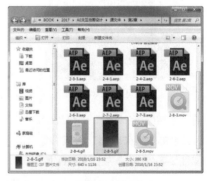

图 2-316　　　　　　　　　　　　　　　　　　　　图 2-317

07. 将 Photoshop 中的当前文件关闭（不需要保存）。在 Photoshop 中打开刚输出的 GIF 格式动画文件 2-8-5.gif，如图 2-318 所示。在"时间轴"面板菜单中执行"将帧拼合到图层"命令（见图 2-319），这样就可以将动画中的第一帧都转换为一个图层。

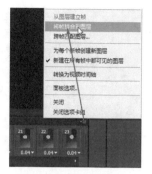

图 2-318　　　　　　　　　　　　　　　图 2-319

08. 单击"时间轴"面板左下角的"转换为视频时间轴"按钮 ，
转换为视频时间轴面板，如图 2-320 所示。在"图层"面板中
同时选中所有图层，执行"图层 > 智能对象 > 转换为智能对象"
命令，得到智能对象图层，如图 2-321 所示。

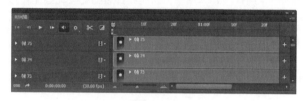

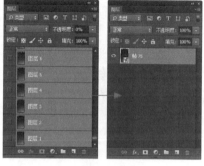

图 2-320　　　　　　　　　　　　　　　图 2-321

09. 在 Photoshop 中打开准备好的手机素材图片，
如图 2-322 所示。将得到的智能对象图层拖
至该手机素材图片中，按组合键 Ctrl+T，程
序显示自由变换框，将该智能对象等比例缩
小，并进行扭曲操作，使其适合该手机素材，
如图 2-323 所示。

10. 完成智能对象的变换调整后，单击"时间轴"
面板上的"创建视频时间轴"按钮，即可创

图 2-322　　　　　　　　　　　　　　　图 2-323

建出视频时间轴，可以预览动画的效果，如图 2-324 所示。执行"文件 > 存储为 Web 所用格式"命令，
程序弹出"存储为 Web 所用格式"对话框，如图 2-325 所示。

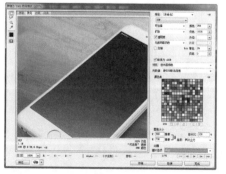

图 2-324　　　　　　　　　　　　　　　图 2-325

11. 单击"存储"按钮，即可将其输出为 GIF 格式的动画文件。可以在浏览器中预览该 GIF 动画文件的动画效
果，如图 2-326 所示。

图 2-326

2.9 本章小结

　　本章详细地介绍了 After Effects 软件的工作界面和各部分主要功能的基本操作方法，它们是使用 After Effects 软件制作交互动画的基础。设计者只有熟练地掌握这些基本操作，才能在日后的交互动画制作过程中设计出完美的交互动画。

第 3 章　UI 元素交互动画设计

近几年交互动画设计的热度稳定地增长着，这个大家都是有目共睹的。各种各样的设计方案中，动效、动画都会作为重要的组成部分融入其中，甚至某些设计方案中，动态效果根本就是核心。在人们所常见的各种数字产品中，很多 UI 组件和元素都采用了动态效果的表现方法。本章将详细介绍 UI 元素的动态交互效果的设计与制作方法。

◎ **本章知识点**

- 了解动态 Logo 的适用范围与表现优势。
- 理解图标设计的作用及动态图标的表现方法。
- 了解进度条与工具栏的动画设计方式。
- 掌握各种 UI 元素动画的表现和制作方法。

- 理解设计动态 Logo 需要注意的问题。
- 了解按钮设计注意事项和开关按钮设计方法。
- 理解文字动画效果的表现优势及文字动画的常见表现方法。

3.1　动态 Logo 设计

随着动态效果在 UI 界面中的应用越来越广泛，许多产品 Logo 也开始使用动态的方式进行表现，因而传统的静态 Logo 动起来，转化成一种全新的、新颖的设计元素，能以新颖的方式传递品牌形象，给用户留下深刻的印象。

3.1.1　动态 Logo 的含义

Logo 是品牌识别的核心，这一点是毋庸置疑的。一个公司或团队的气质，很多时候是通过 Logo 呈现出来的。在品牌战略中，Logo 始终是绕不开的关键。一个设计足够优秀的 Logo，能够和用户、受众产生联系，甚至能够蕴含品牌故事。好的 Logo 设计，能够帮助企业建立起足够有效的品牌形象，成为成功营销的基础。

传统的 Logo 都是静态的表现方式，而动态效果的出现，使 Logo 拥有了更多的可能性。

当使用动态效果来表现 Logo 时，程度不同，所呈现出的样子自然也不尽相同，它可以是短而微妙的变化，也可以是一段完整的短视频展示。一个企业和一个创意团队会根据业务目标和他们想要为用户展示的内容类型，来选择在 Logo 上附加哪种动效，以及展示多长时间。如图 3-1 所示，某企业 Logo 通过动态的表现方式展现了该 Logo 的设计过程。首先通过遮罩的方式出现该 Logo 主体图形的黑白稿，接着通过轮廓线的动画表现出该 Logo 图形设计的专业性，然后通过遮罩的方式为主体图形上色，最后主体图形缩小并上移，下方逐渐显示出 Logo 文件，动画看起来并不是很复杂，却能够很好地表现出理念。

图 3-1

现如今的动画设计工具让动态效果的设计过程更加便捷和开放。更重要的是，这些工具让设计过程更为清晰、直观，即使平面设计师都可以轻松设计动画效果。如果一个品牌需要呈现出比较复杂的动画效果，设计者还是需要掌握动画设计的专业知识和熟练地运用动画设计软件。

如图 3-2 所示，某动态 Logo 的表现效果非常简洁，主体图形设计为一个动态的小狮子，通过该小狮子图形左右转头的动态效果，给人一种简洁、可爱的印象。

图 3-2

3.1.2　动态 Logo 的适用范围

当人们使用动画方式来表现 Logo 时，动态 Logo 所适用的范围就不仅局限于网络与印刷品中，范围变得更加广泛。

1．社交网络

目前，社交网络是产品推广的主要平台之一。人们花费大量时间在网上浏览各种信息，而社交媒体是主要入口，国外用户习惯于使用 Facebook、Twitter 等，国内用户则集中在微博和微信上。动态的内容，无论是动态图片还是视频，都是有着强大传播力的营销工具。它们易于共享，承载能力强。因此，动态 Logo 能以 GIF 动画的形式在互联网上广泛传播，也可以融入产品视频等不同的形式，进行广泛的分享。

2．企业网站

网站是企业和公司的门面，所以，网站的可用性直接关系着企业形象。动态 Logo 的存在，能够在一定程度上改善企业网站给人的体验，给人留下好印象，它对搜索引擎优化都有一定的好处。当用户看到有趣的动态 Logo 时，会在网站上停留更久的时间，而这一点在搜索结果排名上有着很大的好处。

如图 3-3 所示，在刚刚打开某网站页面时，网站的 Logo 会在页面中间位置以动态的方式进行呈现，当 Logo 动画播放完成后会自动缩小并移至页面左上角的位置，并且默认以静态的效果呈现，但是当用户将鼠标移至页面中左上的角的 Logo 图形上时，网站同样会以动画的形式来展示企业 Logo 效果，具有很强的表现力。

3．演示和发布

无论是在产品发布和展示的场合，还是企业会议上幻灯片展示上，动态 Logo 都能够让展示更加富有创意。如图 3-4 所示，在产品演示或发布讲解之前，使用动态的 Logo 来表现产品或品牌形象，能够给人一种眼前一亮的感觉，并且这种富有创意的开场展现方式，能够有效地增强用户对产品和品牌的印象，给用户带来较强烈的视觉刺激。

图 3-3

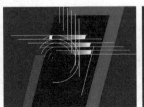

图 3-4

4．促销视频

产品促销视频是如今产品营销中颇为重要的一种手段，许多企业机构借此让自己的产品获得更多用户的认可，提升认知度和销量。那么为什么不在促销视频中使用动态 Logo 呢？这种组合会让营销更加有效。每年的"双 11"，各大电商网站都会推出各种促销活动，这时每家电商都会竭尽全力的进行宣传，也会在电视上投放相应的视频广告，动态 Logo 的形象都会出现在视频广告中，并且每年都会有出现新的动画表现形式，给人带来新鲜与刺激的视觉体验。图 3-5 所示为天猫商城在"双 11"期间的促销视频中展示的动态 Logo。

图 3-5

3.1.3　动态 Logo 的表现优势

动态 Logo 是一种更为现代、更为动态的品牌呈现方式，它和传统静态 Logo 一样可以勾勒企业和公司的形象，吸引用户和客户的注意力。相比之下，动态 Logo 对设计师的原创性要求更高，而动态 Logo 无疑是让品牌在当前竞争中脱颖而出的好办法。动态 Logo 的优势还表现在以下几个方面。

1．原创的形象

许多同行业的品牌，在 Logo 的设计上有很多相似之处。这种现象很常见，因为在设计品牌 Logo 的过程中，总是需要在 Logo 中加入一些该行业所特有的元素，这些元素和行业、特质有着密切的关系。

为了让 Logo 具有一定的独特性，设计师可以让它动起来。当 Logo 变为动态时，设计师就可以充分运用自己的想象力，原创的视觉形象和动态效果相遇的时候，能让用户以一种全新的方式来感知它们。图 3-6 所示为知名的"宜家"品牌的动态 Logo 表现形式，通过跳动的小球表现出品牌名称，接着通过小球的变形处理完整地呈现出该品牌 Logo，动态的表现效果流畅、自然。

图 3-6

2．更高的品牌识别度

许多品牌专家认为，动态图形比静态的图形更容易为用户所理解，也更容易被记住。一个强大的动态 Logo 能够更好地吸引潜在用户的注意力。一些动态 Logo 的动画效果会持续 10 秒左右，和短时间内看到一个静态 Logo 相比，被用户记住的概率大了很多。

图 3-7 所示为知名的谷歌应用商店的动态 Logo 设计，通过三角形图形的变换、旋转等动画形式，表现出欢乐与愉悦感，动态的表现效果使品牌形式的表现更加鲜明。

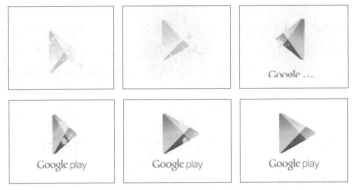

图 3-7

3．为用户留下深刻印象

产品留给用户的第一印象如何，其实有着很深的影响。通常人们只需要几秒钟就会决定是否喜欢某个事物。由于 Logo 是品牌的最重要的代表，而潜在用户对品牌产生第一印象和 Logo 有着颇为密切的关系。原创的 Logo 设计通常能够让用户有更多的惊喜和更为深刻的印象，积极向上的第一印象会更吸引用户持续关注下去。

用户喜欢新鲜有趣和不同寻常的想法，所以这样的 Logo 会更容易带来惊喜。一个有趣的动态 Logo 能够让人喜悦、兴奋，触发用户不同的情感。当一个 Logo 能够给用户带来积极的情绪的时候，就能够给用户留下深刻的印象，并且将它和快乐的东西联系起来。如图 3-8 所示，某品牌的动态 Logo 将卡通形象与品牌文字相结合，富有趣味性的品牌形象呈现出可爱的表情，而眼镜中的品牌文字也会随着图形的运动而运动，给人一种新鲜、有趣的印象。这样富有创意的动态 Logo 设计总是能够给人留下深刻的印象。

图 3-8

4．为用户呈现故事

和静态的 Logo 不同，动态 Logo 能够呈现的不仅是特效，甚至可以呈现出这个企业的业务特质，甚至一个简短的故事。它可以成为产品或者公司独有故事的载体，在这个基础上，也能够与用户更好地建立情感联系。

5．体现企业的专业性

虽然用户大多数并非营销领域的专家，但是他们大多都明白大趋势是什么。包括谷歌在内的许多著名企业都已经拥有了属于自己的动态 Logo，并且自豪地同全世界进行分享，这种创新是有目共睹的。所以，当企业的品牌也跟上他们的步伐，在品牌设计上有所创新时，用户会认可企业的专业性的。如图 3-9 所示，某企业的 Logo 采用了企业名称的首字母进行变形处理而成，并且主体图形中采用了弧状图形突出流动感的表现。该企业 Logo 的动态效果采用了相同理念的表现方式，通过遮罩的处理，Logo 与企业名称文字都采用了流动性遮罩，出现的效果与该 Logo 的整体设计风格相统一，体现了企业的专业性。

图 3-9

3.1.4　设计动态 Logo 需要注意的问题

动态 Logo 常常被用来宣传，它有助于给用户留下更为深刻的印象，提升品牌知名度，改善品牌故事的呈现，创造更为有效的企业形象。不过，我们在设计创作动态 Logo 的过程中还是要注意以下几个方面的问题。

（1）在设计动态 Logo 之前，注意分析企业的业务目标，并且有针对性地呈现出品牌的个性。

（2）通过用户调研，尽量使所设计的动态 Logo 更加贴合用户的喜好。

（3）动态 Logo 要让用户感到惊讶或者兴奋，如果动态效果在下一秒就被用户预知到，对用户而言就失去了惊喜。

（4）保持简约，尽量不要制作过于复杂的动态效果，并且让动态 Logo 的动画时长控制在 10 秒以内。

如图 3-10 所示，在某企业 Logo 的设计中，设计者将其动物形象的 Logo 图形生动化，设计老鹰向下俯冲的动画效果，同时结合主体文字笔画的遮罩出现，使 Logo 动画的表现效果简洁而生动，很好地诠释了企业的理念。

图 3-10

实战　制作动感模糊 Logo 效果
　　源文件：资源包 \ 源文件 \ 第 3 章 \3-1-4.aep　　视频：资源包 \ 视频 \ 第 3 章 \3-1-4.mp4

01. 在 After Effects 中新建一个空白的项目，执行"文件 > 导入 > 文件"命令，在弹出的"导入文件"对话框中选择"资源包 \ 源文件 \ 第 3 章 \ 素材 \31401.psd"文件，如图 3-11 所示。单击"导入"按钮程序弹出设置对话框，按图 3-12 所示设置各项参数。

图 3-11　　　　　　　　　　　　　　　　　图 3-12

02. 单击"确定"按钮，导入 PSD 素材、自动生成合成，如图 3-13 所示。双击"项目"面板中自动生成的合成，在"合成"窗口中打开该合成，在"时间轴"面板中可以看到该合成中相应的图层，如图 3-14 所示。

图 3-13　　　　　　　　　　　　　　　图 3-14

03. 将"背景"图层锁定,选择 Logo 图层,执行"效果 > 模糊与锐化 >CC Radial Fast Blur"命令,效果如图 3-15 所示。展开该图层下方的 CC Radial Fast Blur 选项,为 Center 和 Amount 属性插入关键帧,并对这两个属性值进行设置,如图 3-16 所示。

图 3-15　　　　　　　　　　　　　　　　图 3-16

04. 按快捷键 U,在 Logo 图层下方只显示添加了关键帧的相关属性,如图 3-17 所示。"合成"窗口中 Logo 图像的效果如图 3-18 所示。

图 3-17　　　　　　　　　　　　　　　　图 3-18

05. 将"时间指示器"移至 0:00:01:00 的位置,在"时间轴"面板中对 Center 和 Amout 属性值进行设置,如图 3-19 所示。"合成"窗口中 Logo 图像的效果如图 3-20 所示。

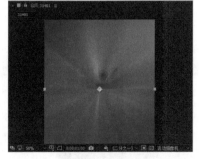

图 3-19　　　　　　　　　　　　　　　　图 3-20

06. 将"时间指示器"移至 0:00:02:00 的位置,在"时间轴"面板中对 Center 和 Amout 属性值进行设置,如图 3-21 所示。"合成"窗口中 Logo 图像的效果,如图 3-22 所示。

图 3-21

图 3-22

07. 选择 Logo 图层，执行"效果 > 模糊与锐化 > 方框模糊"命令，将"时间指示器"移至起始位置，为"方框模糊"
选项下的"模糊半径"属性插入关键帧，设置属性值为 30，如图 3-23 所示。"合成"窗口中的效果如图 3-24 所示。

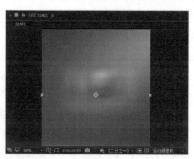

图 3-23

图 3-24

08. 将"时间指示器"移至 0:00:01:00 的位置，设置"模糊半径"属性值为 0，如图 3-25 所示。"合成"窗口
中的效果如图 3-26 所示。

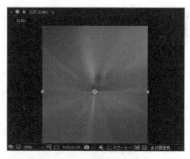

图 3-25

图 3-26

09. 选择 Logo 图层，执行"效果 > 杂色和颗粒 > 杂色"命令，将"时间指示器"移至起始位置，为"杂色"
选项下的"杂色数量"属性插入关键帧，设置属性值为 50%，如图 3-27 所示。"合成"窗口中的效果如图
3-28 所示。

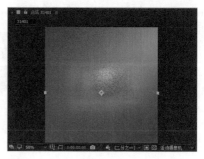

图 3-27

图 3-28

10. 将 "时间指示器" 移至 0:00:01:00 的位置，设置 "杂色数量" 属性值为 0%，如图 3-29 所示。"合成" 窗口中的效果如图 3-30 所示。

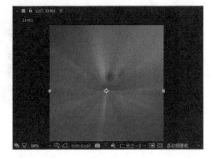

图 3-29   图 3-30

11. 选择 Logo 图层，按快捷键 U，在该图层下方只显示添加了关键帧的相关属性，在 "时间轴" 面板中拖动鼠标，同时选中该图层中所有的属性关键帧，如图 3-31 所示。在关键帧上单击鼠标右键，在弹出菜单中选择 "关键帧辅助 > 缓入" 选项，如图 3-32 所示。

图 3-31   图 3-32

12. 为所选中的多个关键帧同时应用 "缓入" 效果，关键帧如图 3-33 所示。在 "项目" 面板上的合成上单击鼠标右键，在弹出菜单中选择 "合成设置" 命令，程序弹出 "合成设置" 对话框，修改 "持续时间" 为 4 秒，如图 3-34 所示。

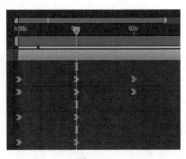

图 3-33   图 3-34

13. 单击 "确定" 按钮，完成 "合成设置" 对话框的设置。"时间轴" 面板如图 3-35 所示。

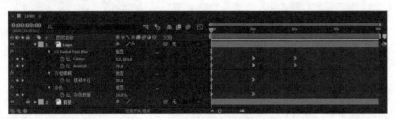

图 3-35

14. 执行"文件 > 保存"命令保存文件。单击"预览"面板上的"播放 / 停止"按钮▶，可以在"合成"窗口中预览动画效果。也可以根据前面介绍的渲染输出方法，将该动画渲染输出为视频文件，再使用 Photoshop 将其输出为 GIF 格式的动画，动画效果如图 3-36 所示。

图 3-36

3.2　动态图标设计

图标设计反映了人们对事物的普遍理解，同时也展示了社会、人文等多种内容。精美的图标是一个好的移动界面的设计基础，无论是何种行业，用户总会喜欢美观的产品，美观的产品总会为用户留下良好的第一印象，而出色的动态图标设计，能够更加出色地诠释该图标的功能。

3.2.1　图标的含义

图标在广义上是指具有指代意义的图形符号，具有高度浓缩并快捷传达信息、便于记忆的特性。狭义上是指应用于计算机软件上的图形符号。其中，操作系统桌面图标是软件或操作快捷方式的标识，移动界面中的图标是功能标识。

图标在移动界面设计中无处不在，是移动界面设计中非常关键的部分。随着科技的发展、社会的进步，人们对美、时尚、趣味和质感的不断追求，图标设计呈现出百花齐放的局面，越来越多精致、新颖、富有创造力和人性化的图标涌入浏览者的视野。图 3-37 所示为精美的图标设计。

通过为简约的图形添加微渐变和微投影来构成图标，并且一系列图标都保持了统一的设计风格。

图 3-37

图标设计是方寸艺术，应该着重考虑视觉冲击力，它需要在很小的范围表现出应用或功能的内涵。图标设计不仅需要精美、质感，更重要的是应具有良好的可用性。近年来，随着人们对美的认知发生改变，越来越多的设计向简约、精致方向发展，移动端图标设计通过简单的图形和合理的色彩搭配构成简约的图标，给人感觉简约、清晰、实用、一目了然。图 3-38 所示为精美的移动界面图标设计。

拟物化 App 图标，
通过高光、阴影等
表现出图标的质
感，给人较强的视
觉冲击力。

扁平化 App 图标，
通过基本图形和纯
色来突出图标主
题，给人一种直观、
大方的感受。

图 3-38

3.2.2 图标设计的作用

在移动端界面设计中，图标设计占有很大的比例，想要设计出良好的图标，首先需要了解图标设计的应用价值。

1．明确传达信息

图标在设计中一般是提供单击功能或者与文字相结合描述功能选项的，了解其功能后要在其易辨认性上下功夫，不要将图标设计得太花哨，否则用户不容易看出它的功能。好的图标设计是只要用户看一眼外形就知道其功能，并且移动界面中所有图标的风格需要统一，如图 3-39 所示。

使用简约的图标在移动 App 界面中
表现功能，具有很好的识别性，可
以起到突出功能和选项的作用。

图 3-39

2．功能具象化

图标设计要使移动端界面的功能具象化，更容易被理解。常见的图标元素本身在生活中就能被经常见到，这样做的目的是使用户可以通过一个常见的事物理解抽象的移动界面功能，如图 3-40 所示。

使用色彩背景突出图
标图形的显示，从而
突出功能。

通过简约的图形将图标
的功能表现得具体、形
象，加入简单的交互动
画效果，更能明确地表
达图标的功能含义。

简单的图标，同样具
有很好的识别性，使
用户一看就明白。

图 3-40

3．娱乐性

优秀的图标设计，可以为移动端界面增添动感。现在，界面设计趋向于精美和细致。设计精良的图标可以让所设计的移动端界面在众多设计作品中脱颖而出，这样的界面设计更加连贯、富于整体感、交互性更强，如图 3-41 所示。

通过简约的图形——将图标的功能表现得具体、形象。

图 3-41

4．统一形象

统一的图标设计风格形成移动界面的统一性，代表了移动应用的基本功能特征，凸显了移动应用的整体性和整合程度，给人以信赖感，同时便于记忆，如图 3-42 所示。

统一风格的图标设计，有助于系统整体形象的统一，给用户良好的视觉效果。

图 3-42

5．美观大方

图标设计是一种艺术创作，极具艺术美感的图标能够提高产品的品位。图标不但要强调其示意性，还要强调产品的主题文化和品牌意识，图标设计被提高到了前所未有的高度，如图 3-43 所示。

图 3-43

实战 制作日历图标翻转动画

源文件：资源包 \ 源文件 \ 第 3 章 \3-2-2.aep 视频：资源包 \ 视频 \ 第 3 章 \3-2-2.mp4

01. 在 After Effects 中新建一个空白的项目，执行"合成 > 新建合成"命令，程序弹出"合成设置"对话框，按图 3-44 所示设置各项参数。单击"确定"按钮，新建合成。执行"文件 > 导入 > 文件"命令，导入素材 32201.jpg 和 32202.png。"项目"面板如图 3-45 所示。

图 3-44

图 3-45

02. 在"项目"面板中将 32201.jpg 素材拖入"时间轴"面板中，将该图层锁定，如图 3-46 所示。在"项目"
面板中将 32202.png 素材拖入"时间轴"面板中，如图 3-47 所示。

图 3-46

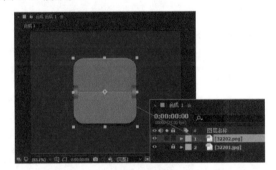

图 3-47

03. 使用"横排文字工具"，在"合成"窗口中单击并输入相应的文字，可以在"字符"面板中对文字的相关
属性进行设置，如图 3-48 所示。在"时间轴"面板中同时选中 32202.png 图层和文字图层，执行"图层 >
预合成"命令，程序弹出"预合成"对话框，按图 3-49 所示设置各项参数。

图 3-48

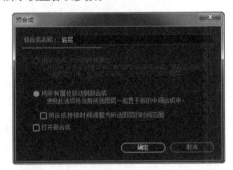

图 3-49

04. 单击"确定"按钮，将所选中的图层创建为预合成，如图 3-50 所示。按组合键 Ctrl+D 两次，将"底层"
预合成复制两次，并将复制得到的图层分别重命名为"第 1 层"和"第 2 层"，如图 3-51 所示。

图 3-50

图 3-51

05. 选择"第 1 层",使用"矩形工具",在"合成"窗口中绘制一个矩形,从而为该层添加一个矩形蒙版,如图 3-52 所示。选择"第 1 层"下方的"蒙版 1",按组合键 Ctrl+C 复制蒙版,选择"第 2 层",按组合键 Ctrl+V 粘贴蒙版,使用"选取工具"在"合成"窗口中将粘贴得到的矩形蒙版图形向下移至合适的位置,如图 3-53 所示。

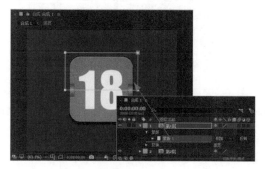

图 3-52

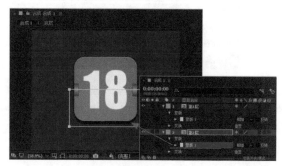

图 3-53

06. 选择"第 1 层",单击该图层的"3D 图层"按钮,将其转换为 3D 图层,如图 3-54 所示。将"时间轴"面板中的"第 2 层"和"底层"暂时隐藏,展开该图层的"变换"选项,在起始位置为"X 轴旋转"属性插入关键帧,如图 3-55 所示。

图 3-54

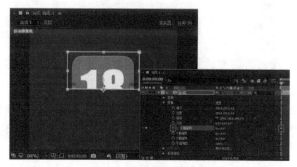

图 3-55

07. 选中"第 1 层",按快捷键 U,只显示该图层插入关键帧的属性,将"时间指示器"移至 0:00:00:12 的位置,设置"X 轴旋转"属性值为 90°,效果如图 3-56 所示。同时选中这两个关键帧,按快捷键 F9,为这两个关键帧应用"缓动"效果,关键帧如图 3-57 所示。

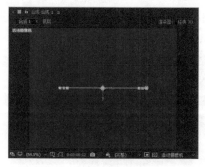

图 3-56

图 3-57

08. 显示"第 2 层",单击该图层的"3D 图层"按钮,将其转换为 3D 图层,展开该图层的"变换"选项,在 0:00:00:12 位置为"X 轴旋转"属性插入关键帧,并设置该属性值为 –90°,如图 3-58 所示。"合成"窗口中的效果如图 3-59 所示。

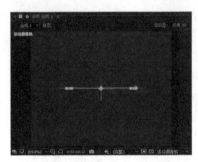

图 3-58   图 3-59

09. 选中"第 2 层",按快捷键 U,只显示该图层插入关键帧的属性,将"时间指示器"移至 0:00:01:00 位置,
设置"X 轴旋转"属性值为 0°,效果如图 3-60 所示。同时选中这两个关键帧,按快捷键 F9,为这两个关
键帧应用"缓动"效果,关键帧如图 3-61 所示。

图 3-60   图 3-61

10. 在"时间轴"面板中显示出"底层",不要选择任何图层,
使用"圆角矩形工具"在工具栏中设置"填充"为黑色,
"描边"为无,勾选"贝赛尔曲线路径"复选框(见图
3-62),在"合成"窗口中绘制一个圆角矩形,如图 3-63
所示。

图 3-62

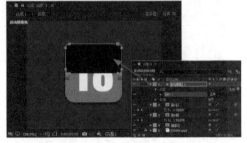

图 3-63

11. 使用"选取工具"结合"转换'顶点'工具"对该圆角矩形路径进行调整,如图 3-64 所示。选中该图层,
按快捷键 T,显示其"不透明度"属性,修改该属性值为 20%,效果如图 3-65 所示。

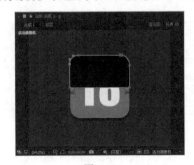

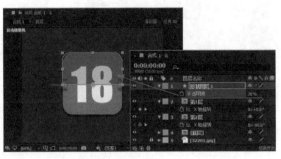

图 3-64   图 3-65

12. 选择"第 2 层",将"时间指示器"移至 0:00:01:07 位置,单击"X 轴旋转"属性,单击左侧的"添加关键帧"
按钮◇,在当前位置插入该属性关键帧,如图 3-66 所示。修改"X 轴旋转"属性值为 –15°,效果如图 3-67 所示。

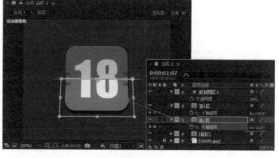

图 3-66　　　　　　　　　　　　　　　　　　图 3-67

13. 将"时间指示器"移至 0:00:01:12 位置，修改"X 轴旋转"属性值为 0°，效果如图 3-68 所示。

图 3-68

14. 在"项目"面板上的合成上单击鼠标右键，在弹出菜单中选择"合成设置"命令，程序弹出"合成设置"对话框，修改"持续时间"为 3 秒，如图 3-69 所示。单击"确定"按钮，完成"合成设置"对话框的设置。"时间轴"面板如图 3-70 所示。

图 3-69　　　　　　　　　　　　　　　　　　图 3-70

15. 执行"文件 > 保存"命令保存文件。单击"预览"面板上的"播放 / 停止"按钮，可以在"合成"窗口中预览动画效果。也可以根据前面介绍的渲染输出方法，将该动画渲染输出为视频文件，再使用 Photoshop 将其输出为 GIF 格式的动画，动画效果如图 3-71 所示。

图 3-71

3.2.3　动态图标的表现方法

现在越来越多的手机应用和 Web 应用都开始注重图标的交互动态效果设计，例如手机在充电过程中电池图标的动画效果（见图 3-72），以及音乐播放软件中播放模式的改变（见图 3-73）等。恰到好处的交互动态效果可以给用户带来愉悦的交互体验。

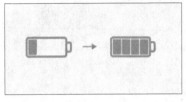

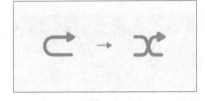

图 3-72   图 3-73

过去，图标的转换都十分死板，而近年来加入过渡动画开始流行起来，这种交互动态效果能够有效提高产品的用户体验，给应用软件添色不少。下面介绍图标动态效果的一些表现方法。

1. 属性转换法

绝大多数的图标动画都离不开属性的变化，这也是应用最普遍、最简单的一种图标动画表现方法。属性包含位置、大小、旋转、透明度、颜色等，通过这些属性可以制作图标的动画效果，如果能恰当地应用，同样可以得到令人眼前一亮的图标动画效果。

图 3-74 所示为一个下载图标的动画效果，通过对图形的位置和颜色属性的变化，表现出简单的动画效果，在动画中同时加入缓动，表现更加真实。图 3-75 所示为一个 Wi-Fi 网络图标的动画效果，图形的旋转属性使组成图形的形状围绕中心进行左右晃动，晃动的幅度也是从大至小，直到最终停止。在动画中同时加入缓动，表现更加真实。

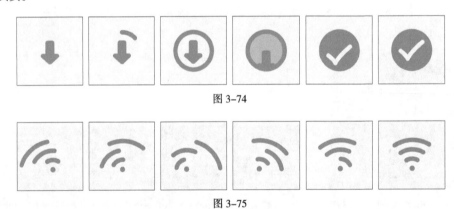

图 3-74

图 3-75

2. 路径重组法

路径重组法是指将组成图标的笔画路径在动画过程中进行重组，从而构成一个新的图标。采用路径重组法的图标动画，需要设计师能够仔细观察两个图标之间笔画的关系。这种图标动画的表现方法也是目前比较流行的图标动画效果。

图 3-76 所示为一个"菜单"图标与"返回"图标之间的交互切换动画，组成"菜单"图标的 3 条路径进行旋转、缩放的变化，组成箭头形状的"返回"图标，与此同时进行整体的旋转，最终过渡到新的图标。图 3-77 所示为一个音量图标的正常状态与静音状态之间的交互切换动画，对正常状态下的两条路径进行变形处理，将这两条路径变形为交叉的两条直线并放置在图标的右上角，从而切换到静音状态。

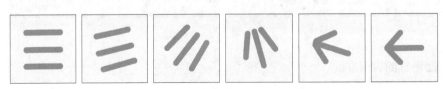

图 3-76

图 3-77

3．点线面降级法

点线面降级法是指应用设计理念中点、线、面的理论，在动画表现过程中将面降级为线、将线降级为点，表现图标的切换过渡动画效果。

面与面进行转换的时候，可以使用线作为介质，一个面先转换为一根线，再通过这根线转换成另一个面。同样的道理，线和线转换时，可以使用点作为介质，一根线先转换成一个点，再通过这个点转换成另外一根线。

图 3-78 所示为一个"顺序播放"图标与"随机播放"图标之间的交互切换动画，"顺序播放"图标的路径由线收缩为一个点，然后在下方再添加一个点，两个点同时向外展示为线，从而切换到"随机播放"图标。图 3-79 所示为一个"记事本"图标与"更多"图标之间的交互切换动画，"记事本"图标的路径由线收缩为点，然后由点再展开为线，直到变成圆环形，并进行旋转，从而实现从圆角矩形到圆形的切换动画效果。

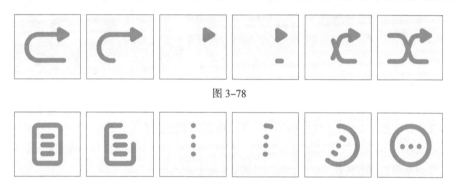

图 3-78

图 3-79

4．遮罩法

遮罩法是图标动画中常用的一种表现方法，两个图形之间相互转换时，可以使用其中一个图形作为另一个图形的遮罩（也就是边界），当这个图形放大的时候，以另一个图形为边界，转换成另一个图形的形状。

图 3-80 所示为一个"时间"图标与"字符"图标之间的交互切换动画，"时间"图标中指针图形越转越快，同时正圆形背景也逐渐放大，使用不可见的圆角矩形作为遮罩，当正圆形放大到一定程度时，被圆角矩形遮罩，从而表现出圆角矩形背景，而时间指针图形也通过位置和旋转属性的变化构成新的图形。图 3-81 所示为一个"信息点"图标与"详情页"图标之间的交互切换动画，底部的小点通过位置属性变化移动至合适的位置，再通过大小属性变化逐渐变大，通过一个不可见的矩形作为遮罩，当圆形无限放大时，遮罩矩形成为它的边界，从而过渡到矩形的效果。

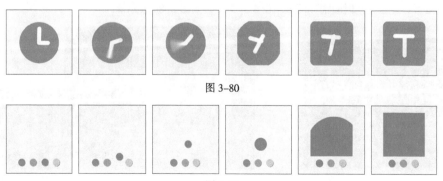

图 3-80

图 3-81

101

5. 分裂融合法

分裂融合法是指构成图标的图形笔画相互融合变形从而切换为另外一个图标。分裂融合法尤其适用于其中一个图标是一个整体，另一个图标由多个分离的部分组成的情况。

图 3-82 所示为一个"加载"图标与"播放"图标之间的交互切换动画，"加载"图标的 3 个小点变形为弧线段并围绕中心旋转再变形为 3 个小点，3 个小点相互融合变形过渡到一个三角形"播放"图标。图 3-83 所示为一个正圆形与"网格"图标之间的交互切换动画，一个正圆形缩小并逐渐按顺序分裂出 4 个圆角矩形，分裂完成后，正圆形效果过渡到由 4 个圆角矩形构成的"网格"图标。

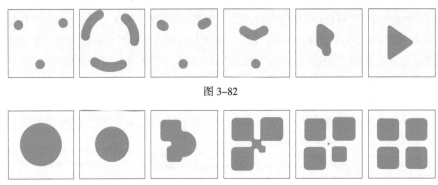

图 3-82

图 3-83

6. 图标特性法

图标特性法是指根据所设计的图标在日常生活中的特征或者根据图标需要表达的实际意义，来设计图标的交互动画效果，这就要求设计者具有较强的观察能力和思维发散能力。

图 3-84 所示为一个"删除"图标的动画效果，通过垃圾桶图形来表现该图标，在图标动画的设计中，垃圾桶的压缩、反弹及模拟重力反弹的盖子，使该"删除"图标被表现得非常生动。

图 3-84

实战 制作图标变形切换动画
源文件：资源包 \ 源文件 \ 第 3 章 \3-2-3.aep　　视频：资源包 \ 视频 \ 第 3 章 \3-2-3.mp4

---

01. 在 After Effects 中新建一个空白的项目，执行"合成 > 新建合成"命令，程序弹出"合成设置"对话框，按图 3-85 所示设置各项参数。使用"矩形工具"，在工具栏中设置"填充"为白色，"描边"为无，在画布中绘制矩形，并且在"时间轴"面板中设置其大小，如图 3-86 所示。

图 3-85

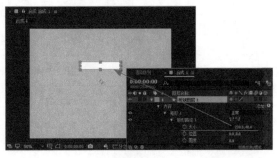

图 3-86

02. 将"时间指示器"移至 0:00:00:05 位置，单击"大小"属性前的"秒表"按钮，插入该属性关键帧，在该关键帧设置矩形的宽度为 0，如图 3-87 所示。将"时间指示器"移至 0:00:00:15 位置，修改该矩形的宽度为 230，如图 3-88 所示。

图 3-87

图 3-88

03. 同时选中这两个关键帧，按快捷键 F9，为这两个关键帧应用"缓动"效果。关键帧如图 3-89 所示。选择"形状图层 1"，使用"向后平移（锚点）工具"，调整该图层的中心点位于矩形的中心位置，如图 3-90 所示。

图 3-89

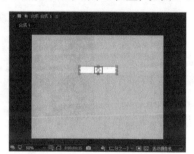
图 3-90

04. 按组合键 Ctrl+D 复制"形状图层 1"得到"形状图层 2"，展开该图层属性，将该图层中的图形向下移至合适的位置，如图 3-91 所示。调整该图层中两个"大小"属性关键帧分别至 0:00:00:07 和 0:00:00:17 位置，如图 3-92 所示。

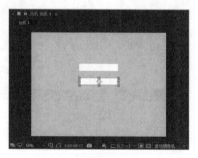
图 3-91

图 3-92

05. 按组合键 Ctrl+D 复制"形状图层 2"得到"形状图层 3"，使用相同的制作方法，对该图层中的图形位置和"大小"属性关键帧进行调整，如图 3-93 所示。

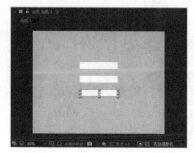

图 3-93

06. 选择"形状图层 1",展开该图层的"变换"选项,将"时间指示器"移至 0:00:01:00 位置,分别为"位置""缩放"和"旋转"属性插入关键帧,如图 3-94 所示。选择"形状图层 1",按快捷键 U,在该图层下方只显示添加了关键帧的属性,如图 3-95 所示。

图 3-94   图 3-95

07. 在相同的位置,分别为"形状图层 2"和"形状图层 3"中的"变换"选项中的"位置""缩放"和"旋转"属性插入关键帧,同时选中这两个图层,按快捷键 U,在图层下方只显示添加了关键帧的属性,如图 3-96 所示。

图 3-96

08. 将"时间指示器"移至 0:00:01:15 位置,选择"形状图层 1",对其"位置""缩放"和"旋转"属性进行设置,如图 3-97 所示。在"合成"窗口中可以看到该矩形的效果,如图 3-98 所示。

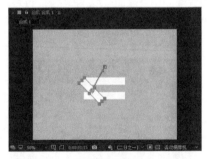

图 3-97   图 3-98

09. 选择"形状图层 2",设置其"旋转"属性性为 180°,如图 3-99 所示。在"合成"窗口中可以看到该矩形的效果,如图 3-100 所示。

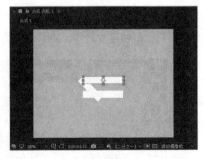

图 3-99   图 3-100

10. 选择"形状图层 3",对其"位置""缩放"和"旋转"属性进行设置,如图 3-101 所示。在"合成"窗口中可以看到该矩形的效果,如图 3-102 所示。

图 3-101

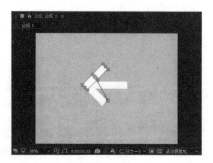

图 3-102

11. 按住 Shift 键在"时间轴"面板中拖动鼠标同时选中相应的属性关键帧,如图 3-103 所示。按快捷键 F9,为选中的多个关键帧应用"缓动"效果,如图 3-104 所示。

图 3-103

图 3-104

12. 选择"形状图层 1",拖动鼠标同时选中该图层 0:00:01:15 位置上的"位置""缩放"和"旋转"属性关键帧,按组合键 Ctrl+C 复制选中的属性关键帧,将"时间指示器"移至 0:00:02:00 位置,按组合键 Ctrl+V 粘贴属性关键帧,如图 3-105 所示。

图 3-105

13. 使用相同的制作方法,分别对"形状图层 2"和"形状图层 3"执行相同的复制属性关键帧和粘贴属性关键帧的操作。"时间轴"面板如图 3-106 所示。

图 3-106

14. 将"时间指示器"移至 0:00:02:15 位置,选择"形状图层 1",对其"位置""缩放"和"旋转"属性进行设置,如图 3-107 所示。在"合成"窗口中可以看到该矩形的效果,如图 3-108 所示。

图 3-107 　　　　　　　　　　　　　　　　　图 3-108

15. 选择"形状图层 2"，设置其"旋转"属性，如图 3-109 所示。在"合成"窗口中可以看到该矩形的效果，如图 3-110 所示。

图 3-109 　　　　　　　　　　　　　　　　　图 3-110

16. 选择"形状图层 3"，对其"位置""缩放"和"旋转"属性进行设置，如图 3-111 所示。在"合成"窗口中可以看到该矩形的效果，如图 3-112 所示。

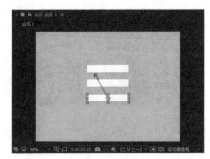

图 3-111 　　　　　　　　　　　　　　　　　图 3-112

17. 选择"形状图层 1"，将"时间指示器"移至 0:00:03:00 位置，单击"缩放"属性前的"添加关键帧"按钮 ◇，在当前位置插入关键帧，如图 3-113 所示。将"时间指示器"移至 0:00:03:10 位置，设置"水平缩放"属性值为 0%，效果如图 3-114 所示。

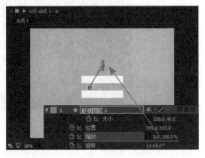

图 3-113 　　　　　　　　　　　　　　　　　图 3-114

18. 选择"形状图层 3",将"时间指示器"移至 0:00:03:00 位置,单击"缩放"属性前的"添加关键帧"按钮 ◇,在当前位置插入关键帧,如图 3-115 所示。将"时间指示器"移至 0:00:03:10 位置,设置"水平缩放"属性值为 0%,效果如图 3-116 所示。

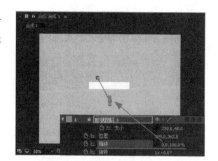

图 3-116

图 3-115

19. 选择"形状图层 2",将"时间指示器"移至 0:00:03:05 位置,单击"缩放"属性前的"添加关键帧"按钮 ◇,在当前位置插入关键帧,如图 3-117 所示。将"时间指示器"移至 0:00:03:15 位置,设置"垂直缩放"为 560%,效果如图 3-118 所示。

图 3-117

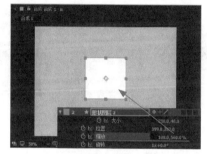

图 3-118

20. 单击"时间轴"面板左下角的"展开或折叠'入点'/'出点'/'持续时间'/'伸缩'窗格"按钮 ■,在各图层中显示相应的选项,如图 3-119 所示。在"时间轴"面板中选中表示每个图层持续时间的蓝色形状,调整这 3 个图层的持续时间在 0:00:04:01 位置结束,如图 3-120 所示。

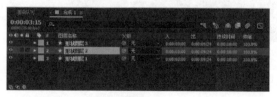

图 3-119

图 3-120

21. 将"时间指示器"移至 0:00:04:00 位置,按组合键 Ctrl+R,在"合成"窗口中显示标尺,从标尺中拖出相应的参考线,如图 3-121 所示。在"合成"窗口中不要选中任何对象,使用"矩形工具",在工具栏中设置"填充"为白色,"描边"为无,绘制矩形,如图 3-122 所示。

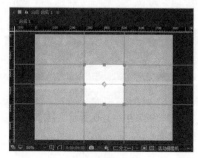

图 3-121

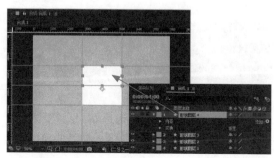

图 3-122

22. 使用"向后平移（锚点）工具"，调整该图层的中心点位于矩形下边缘中心位置，如图 3-123 所示。在"时间轴"面板中调整"形状图层 4"的蓝色持续时间形状，将其调整为从 0:00:04:00 位置开始，如图 3-124 所示。

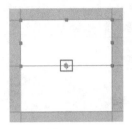

图 3-123　　　　　　　　　　　　　　　　图 3-124

23. 按组合键 Ctrl+D，复制"形状图层 4"得到"形状图层 5"，将复制得到的矩形向下移至合适的位置，并调整其中心点位于矩形上边缘中心位置，如图 3-125 所示。"时间轴"面板如图 3-126 所示。

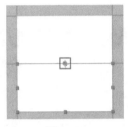

图 3-125　　　　　　　　　　　　　　　　图 3-126

24. 将"时间指示器"移至 0:00:04:01 位置，选择"形状图层 4"，为该图层的"位置""缩放"和"旋转"属性插入关键帧，如图 3-127 所示。

图 3-127

25. 将"时间指示器"移至 0:00:04:15 位置，对该图层的相关属性进行设置，如图 3-128 所示。"合成"窗口中的效果如图 3-129 所示。

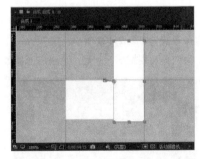

图 3-128　　　　　　　　　　　　　　　　图 3-129

26. 在"时间轴"面板中拖动鼠标同时选中"形状图层 4"的所有关键帧，如图 3-130 所示。按快捷键 F9，为选中的多个关键帧应用"缓动"效果，如图 3-131 所示。

<table>
<tr><td>图 3–130</td><td>图 3–131</td></tr>
</table>

27. 将"时间指示器"移至 0:00:04:01 位置，选择"形状图层 5"，为该图层的"位置""缩放"和"旋转"属性插入关键帧，如图 3–132 所示。将"时间指示器"移至 0:00:04:15 位置，对该图层的相关属性进行设置，如图 3–133 所示。

<table>
<tr><td>图 3–132</td><td>图 3–133</td></tr>
</table>

28. 可以在"合成"窗口中看到该图层中矩形的效果，如图 3–134 所示。同时选中"形状图层 5"的所有关键帧，按快捷键 F9，为选中的多个关键帧应用"缓动"效果，如图 3–135 所示。

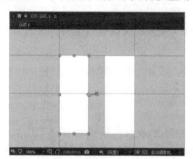

<table>
<tr><td>图 3–134</td><td>图 3–135</td></tr>
</table>

29. 在"项目"面板上的合成上单击鼠标右键，在弹出菜单中选择"合成设置"命令，程序弹出"合成设置"对话框，修改"持续时间"为 5 秒，如图 3–136 所示。单击"确定"按钮，完成"合成设置"对话框的设置。"时间轴"面板如图 3–137 所示。

<table>
<tr><td>图 3–136</td><td>图 3–137</td></tr>
</table>

30. 执行"文件 > 保存"命令保存文件，单击"预览"面板上的"播放 / 停止"按钮▶，可以在"合成"窗口中预览动画效果。也可以根据前面介绍的渲染输出方法，将该动画渲染输出为视频文件，再使用 Photoshop 将其输出为 GIF 格式的动画，动画效果如图 3–138 所示。

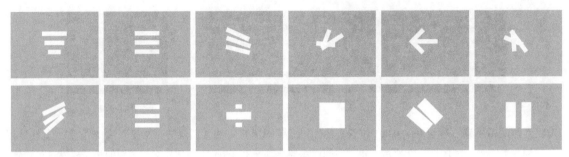

图 3-138

3.3 动态按钮设计

按钮作为最基本的交互元素之一，在移动端界面中使用的频率非常高。用户在使用移动端应用时都是通过点击相应的按钮顺着设计师的想法进行下去的，如果能够在界面中合理地使用按钮，用户会得到很好的用户体验。

3.3.1 按钮设计注意事项

移动端界面中的按钮设计应该具备简洁明了的图示效果，能够让使用者清楚地认识按钮的功能，产生功能关联反应。群组内的按钮应该具有统一的设计风格，功能差异较大的按钮应该有所区别。如图 3-139 所示为移动端界面中的按钮设计。

简单精致的按钮在移动端界面设计中比较常见，也是最常用到的设计，它必须在很小的范围内有序地排列文字和图标，以及颜色的搭配等内容。在设计制作过程中，要考虑用户的视觉感受，不需要过于花哨，设计应该简单明了，重点突出按钮的功能。

按钮与图标比较相似，但又有所不同，图标着重表现图形的视觉效果，按钮则着重表现其功能性。在按钮的设计中通常采用简单直观的图形与文字相搭配，充分表现按钮的可识别性和实用性，如图 3-140 所示。

使用按钮突出表现功能操作选项。

图 3-139

相同风格、不同颜色的按钮，使用户能轻易区分。

图 3-140

实战　制作提交按钮动画

源文件：资源包 \ 源文件 \ 第 3 章 \3-3-1.aep　　　视频：资源包 \ 视频 \ 第 3 章 \3-3-1.mp4

---

01. 在 After Effects 中新建一个空白的项目，执行"合成 > 新建合成"命令，程序弹出"合成设置"对话框，按图 3-141 所示设置各项参数。使用"矩形工具"，在工具栏中设置"填充"和"描边"均为 #FB5555，"描边宽度"为 7 像素，勾选"贝赛尔曲线路径"复选框，如图 3-142 所示。

图 3-141　　　　　　　　　　　　　　　图 3-142

02. 在"合成"窗口中绘制矩形，在"时间轴"面板中将该图层重命名为"按钮背景"，如图 3-143 所示。单击该图层下方"内容"选项右侧的"添加"按钮 ▶，在弹出菜单中选择"圆角"选项，添加"圆角"选项，设置"半径"为 60，将矩形变成圆角矩形，如图 3-144 所示。

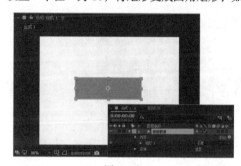

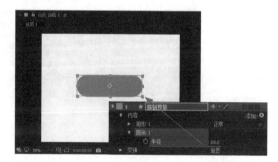

图 3-143　　　　　　　　　　　　　　　图 3-144

03. 将"时间指示器"移至 0:00:00:22 位置，为"矩形 1"选项下方"路径 1"选项中的"路径"属性添加关键帧，如图 3-145 所示。将"时间指示器"移至 0:00:01:06 位置，使用"选取工具"，选取图形路径上的锚点进行调整，将该圆角矩形调整为圆形，如图 3-146 所示。

图 3-145　　　　　　　　　　　　　　　图 3-146

04. 同时选中此处的两个关键帧，按快捷键 F9，为选中的关键帧应用"缓动"效果，如图 3-147 所示。将"时间指示器"移至 0:00:00:07 位置，为"矩形 1"选项下方"填充 1"选项中的"颜色"属性添加关键帧，如图 3-148 所示。

图 3-147　　　　　　　　　　　　　　　图 3-148

05. 选中"按钮背景"图层，按快捷键 U，在该图层下方只显示添加了关键帧的属性，如图 3-149 所示。在 0:00:00:07 位置，设置"填充颜色"为白色，如图 3-150 所示。

图 3-149

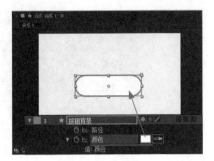

图 3-150

06. 将"时间指示器"移至 0:00:00:18 位置，设置"填充颜色"为 #FB5555，将"时间指示器"移至 0:00:00:22 位置，单击"填充颜色"属性前的"添加关键帧"按钮 ◇，在当前位置插入关键帧。将"时间指示器"移至 0:00:01:06 位置，设置"填充颜色"为白色，"时间轴"面板如图 3-151 所示。

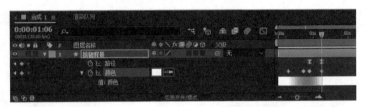

图 3-151

07. 将"时间指示器"移至 0:00:00:22 位置，为"矩形 1"选项下方"描边 1"选项中的"颜色"属性添加关键帧，按快捷键 U，只显示添加了关键帧的属性，如图 3-152 所示。将"时间指示器"移至 0:00:01:06 位置，设置"描边颜色"为 #A5A5A5，如图 3-153 所示。

图 3-152

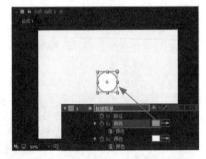

图 3-153

08. 不要选中任何对象，使用"椭圆工具"，在工具栏中设置"填充"为白色，"描边"为 #FB5555，"描边宽度"为 7 像素，勾选"贝塞尔曲线路径"复选框，如图 3-154 所示。在"合成"窗口中绘制一个与当前圆形大小和位置相同的圆形，将该图层重命名为"圆"，如图 3-155 所示。

图 3-154

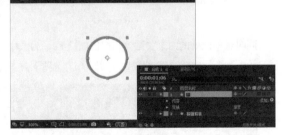

图 3-155

09. 单击该图层下方"内容"选项右侧的"添加"按钮 ◉，在弹出菜单中选择"修剪路径"选项，添加"修剪路径"选项，如图 3-156 所示。确认"时间指示器"位于 0:00:01:06 位置，为"修剪路径 1"选项中的"结束"属性插入关键帧，设置该属性值为 0%，如图 3-157 所示。

图 3-156

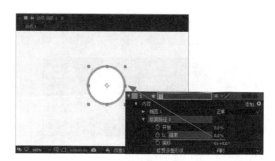
图 3-157

10. 将"时间指示器"移至 0:00:03:10 位置，设置"修剪路径 1"选项下方的"结束"属性值为 100%，如图 3-158 所示。同时选中该图层的两个属性关键帧，按快捷键 F9，为选中的关键帧应用"缓动"效果，如图 3-159 所示。

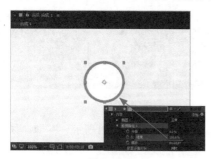
图 3-158

图 3-159

11. 将"时间指示器"移至起始位置，使用"横排文字工具"，在"合成"窗口中单击并输入文字，如图 3-160 所示。单击文本图层下方"文本"选项右侧的"动画"按钮 ，在弹出菜单中选择"填充颜色 >RGB"选项，添加"填充颜色"选项，如图 3-161 所示。

图 3-160

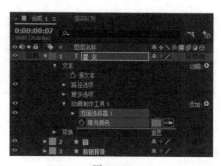
图 3-161

12. 将"时间指示器"移至 0:00:00:07 位置，设置"填充颜色"为 #FB5555，为该属性插入关键帧，并且为"变换"选项中的"缩放"属性插入关键帧，按快捷键 U，如图 3-162 所示。将"时间指示器"移至 0:00:00:18 位置，设置"填充颜色"为白色，如图 3-163 所示。

图 3-162

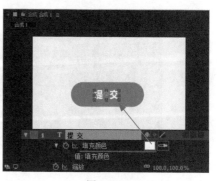
图 3-163

13. 将"时间指示器"移至 0:00:00:19 位置，设置"缩放"属性值为 110%，如图 3-164 所示。将"时间指示器"
移至 0:00:00:21 位置，设置"缩放"属性值为 100%，如图 3-165 所示。

图 3-164　　　　　　　　　　　　　　　　　　图 3-165

14. 选中"缩放"属性的 3 个关键帧，按快捷键 F9，添加"缓动"效果，如图 3-166 所示。选中该文本图层，
按快捷键 T，显示其"不透明度"属性，将"时间指示器"移至 0:00:00:21 位置，为"不透明度"属性插
入关键帧，如图 3-167 所示。

图 3-166　　　　　　　　　　　　　　　　　　图 3-167

15. 将"时间指示器"移至 0:00:01:03 位置，设置"不透明度"属性值为 0%，如图 3-168 所示。将"时间指示器"
移至起始位置，不要选中任何对象，使用"钢笔工具"，设置"填充"为无，"描边"为 #FB5555，"描边宽度"
为 7 像素，在"合成"窗口中绘制路径，如图 3-169 所示。

图 3-168　　　　　　　　　　　　　　　　　　图 3-169

16. 将该图层重命名为"符号"，单击该图层下方"内容"选项右侧的"添加"按钮 ▶，在弹出菜单中选择"修
剪路径"选项，添加"修剪路径"选项，如图 3-170 所示。将"时间指示器"移至 0:00:03:10 位置，为"修
剪路径 1"选项中的"结束"属性插入关键帧，设置该属性值为 0%，如图 3-171 所示。

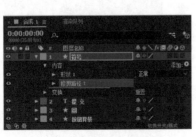
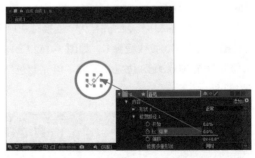

图 3-170　　　　　　　　　　　　　　　　　　图 3-171

17. 将"时间指示器"移至 0:00:04:00 位置，设置"修剪路径 1"选项下方的"结束"属性值为 100%，如图 3-172
所示。同时选中该图层的两个属性关键帧，按快捷键 F9，为选中的关键帧应用"缓动"效果，如图 3-173 所示。

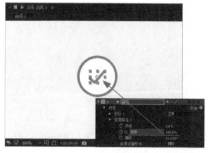

| 图 3-172 | 图 3-173 |

18. 在"项目"面板上的合成上单击鼠标右键，在弹出菜单中选择"合成设置"命令，程序弹出"合成设置"对话框，修改"持续时间"为 5 秒，如图 3-174 所示。单击"确定"按钮，完成"合成设置"对话框的设置，展开各图层所设置的关键帧，"时间轴"面板如图 3-175 所示。

| 图 3-174 | 图 3-175 |

19. 执行"文件 > 保存"命令保存文件。单击"预览"面板上的"播放 / 停止"按钮 ▶，可以在"合成"窗口中预览动画效果。也可以根据前面介绍的渲染输出方法，将该动画渲染输出为视频文件，再使用 Photoshop 将其输出为 GIF 格式的动画，动画效果如图 3-176 所示。

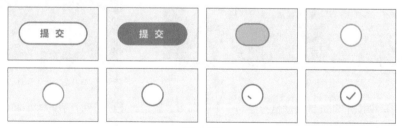

图 3-176

3.3.2　开关按钮设计方法

　　开关顾名思义就是开启和关闭，开关按钮是移动端界面中的常见元素，一般用于打开或关闭某个功能。在目前常见的移动操作系统中，开关按钮的应用非常广泛，通过开关按钮来打开或关闭应用中的某种功能，这样的设计符合现实生活的经验，是一种习惯用法。

　　移动端界面中的开关按钮用于展示当前功能的激活状态，用户通过单击或"滑动"可以切换该选项或功能的状态，其表现形式常见的有矩形和圆形两种，如图 3-177 所示。

App 界面中开关元素的设计非常简约，通常使用基本图形配合不同的颜色来表现该功能的打开或关闭。

图 3-177

在移动端界面设计中，设计者经常为开关这个小控件添加交互动态效果设计，通过交互动画的方式向用户展示切换过程，给人一种动态、流畅的感觉。

实战 **制作开关按钮动画**
源文件：资源包 \ 源文件 \ 第 3 章 \3-3-2.aep　　　视频：资源包 \ 视频 \ 第 3 章 \3-3-2.mp4

01. 在 After Effects 中新建一个空白的项目，执行"合成 > 新建合成"命令，程序弹出"合成设置"对话框，按图 3-178 设置各项参数。使用"矩形工具"，在"合成"窗口中绘制矩形，如图 3-179 所示。

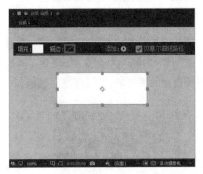

图 3-178　　　　　　　　　　　　　　　　　图 3-179

02. 在"时间轴"面板中将该图层重命名为"开关背景"，单击该图层下方"内容"选项右侧的"添加"按钮 ，在弹出菜单中选择"圆角"选项，添加"圆角"选项，设置"半径"为 45，将矩形变成圆角矩形，如图 3-180 所示。不要选择任何对象，使用"椭圆工具"，在工具栏中单击"填充"文字，程序弹出"填充选项"对话框，选择"径向渐变"选项，如图 3-181 所示。

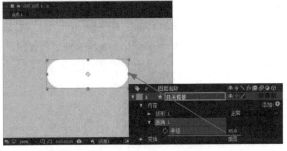

图 3-180　　　　　　　　　　　　　　　　　图 3-181

03. 在"合成"窗口中按住 Shift 键拖动鼠标绘制一个正圆形，调整该正圆形到合适的大小和位置，如图 3-182 所示。拖动该正圆形的渐变填充轴，调整径向渐变的填充效果，如图 3-183 所示。

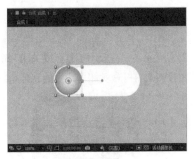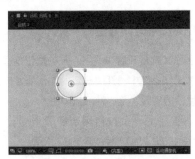

图 3-182　　　　　　　　　　　　　　　　　图 3-183

　　此处我们需要为该正圆形填充的就是从白色到浅灰色的径向渐变颜色，所以通过调整默认的黑白径向渐变的填充效果，就可以得到我们所需的效果。如果需要填充其他的渐变填充颜色，可以展开该图层下方的"渐变填充"选项，单击"颜色"属性右侧的"编辑渐变"链接，在弹出的"渐变编辑器"对话框中设置渐变颜色。

04. 在"时间轴"面板中将该图层重命名为"圆"，执行"图层 > 图层样式 > 投影"命令，为该图层添加"投影"图层样式，按图 3-184 所示设置各项参数。在"合成"窗口中可以看到为该正圆形添加"投影"图层样式的效果，如图 3-185 所示。

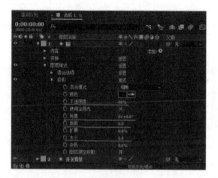
图 3-184

图 3-185

05. 选择"圆"图层，按快捷键 P，显示该图层的"位置"属性，为该属性插入关键帧，如图 3-186 所示。将"时间指示器"移至 0:00:01:00 位置，在"合成"窗口中将该正圆形向右移至合适的位置，如图 3-187 所示。

图 3-186

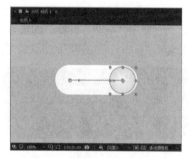
图 3-187

06. 将"时间指示器"移至 0:00:02:00 位置，选择起始位置上的关键帧，按组合键 Ctrl+C 进行复制，按组合键 Ctrl+V 将其粘贴到 0:00:02:00 位置，如图 3-188 所示。同时选中此处的 3 个关键帧，按快捷键 F9，为其应用"缓动"效果，如图 3-189 所示。

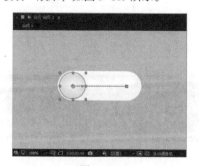
图 3-188

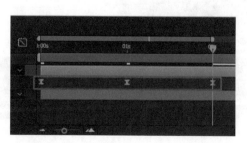
图 3-189

07. 单击"时间轴"面板上的"图表编辑器"按钮 图，进入图表编辑器状态，如图 3-190 所示。单击曲线锚点，拖动方向线调整运动速度曲线，如图 3-191 所示。

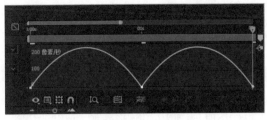

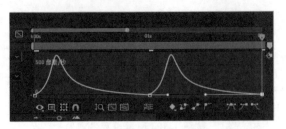

图 3-190   图 3-191

08. 再次单击"图表编辑器"按钮 ，返回默认状态。将"时间指示器"移至起始位置，选择"开关背景"图层，
为"填充颜色"属性插入关键帧，如图 3-192 所示。将"时间指示器"移至 0:00:01:00 位置，修改"填充颜色"
为 #4DD865，效果如图 3-193 所示。

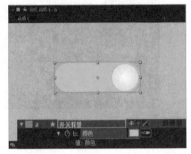

图 3-192   图 3-193

09. 将"时间指示器"移至 0:00:02:00 位置，修改"填充颜色"为白色，同时选中此处的 3 个关键帧，按快捷
键 F9，为其应用"缓动"效果，如图 3-194 所示。单击"时间轴"面板上的"图表编辑器"按钮 ，进
入图表编辑器状态，使用相同的方法，对速度曲线进行调整，如图 3-195 所示。

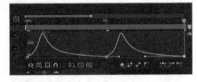

图 3-194   图 3-195

10. 在"项目"面板上的合成上单击鼠标右键，在弹出菜单中选择"合成设置"命令，程序弹出"合成设置"
对话框，修改"持续时间"为 3 秒，如图 3-196 所示。单击"确定"按钮，完成"合成设置"对话框的设置，
展开各图层所设置的关键帧，"时间轴"面板如图 3-197 所示。

图 3-196   图 3-197

11. 执行"文件 > 保存"命令保存文件。单击"预览"面板上的"播放 / 停止"按钮 ，可以在"合成"窗口
中预览动画效果。也可以根据前面介绍的渲染输出方法，将该动画渲染输出为视频文件，再使用 Photoshop
将其输出为 GIF 格式的动画，动画效果如图 3-198 所示。

图 3-198

3.4　进度条与工具栏动画设计

用户在浏览移动应用等场景，因为网速慢或硬件差，难免会遇上等待加载的情况。没人喜欢等待，耐心差的用户可能因为操作得不到及时反馈，直接选择放弃。所以在移动端应用程序中还有一种常见的交互动画效果，就是进度条的动画。进度条动画可以使用户了解当前的操作进度，给用户以心理暗示，使用户能够耐心等待，从而提升用户体验。

3.4.1　常见的进度条动画表现形式

进度条与滚动条非常相似，进度条在外观上只是比滚动条缺少了可拖动的滑块。进度条元素是移动端应用程序在处理任务时，实时的、以图形方式显示的处理当前任务的进度、完成度，剩余未完成任务量的大小和可能需要完成的时间，例如下载进度、视频播放进度等。大多数移动端界面中的进度条是以长条矩形的方式显示的。进度条的设计方法相对比较简单，重点是色彩的应用和质感的体现，如图 3-199 所示。

视频播放进度条，使用简洁的纯色图形表示当前播放进度，非常直观、简洁。

圆形加载进度条，搭配渐变颜色表示加载进度，运用动画的形式，使加载过程表现得更加直观、富有乐趣。

图 3-199

进度条动画一般用于较长时间的加载，通常配合百分比指数，让用户对当前加载进度和剩余等待时间有个明确的心理预期。如图 3-200 所示，直线形式的进度条是人们在移动端应用中最常见的进度条表现方式。该进度条动画使用转动的风叶与逐渐增长的矩形，非常直观地表现出当前的进度，给用户很好的提示。如图 3-201 所示，圆形的进度条也是目前比较常见的一种进度条动画表现形式。圆形边框的色彩变化或粗细变化表现加载进度，结合在圆形中点的百分比数值进行表现，更加直观。如图 3-202 所示，移动端界面使用 Logo 线

图 3-200　　　　　　　　　　　　　　　　　　图 3-201

描的动画效果来表现界面的载入进度，并且将加载进度动画与界面转场完美地结合在一起，当 Logo 线描完成后逐渐淡出，而所载入的界面逐渐淡入，很好地实现了界面的转场。

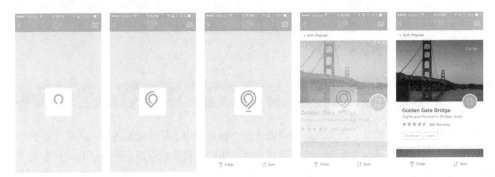

图 3-202

实战 **制作加载进度条动画**
源文件：资源包 \ 源文件 \ 第 3 章 \3-4-1.aep　　视频：资源包 \ 视频 \ 第 3 章 \3-4-1.mp4

01. 在 After Effects 中新建一个空白的项目，执行"文件 > 导入 > 文件"命令，在弹出的"导入文件"对话框中选择"资源包 \ 源文件 \ 第 3 章 \ 素材 \34101.psd"，如图 3-203 所示。在弹出的设置对话框中按图 3-204 所示设置各项参数。

图 3-203　　　　　　　　　　　　　　　图 3-204

02. 单击"确定"按钮，导入 PSD 素材自动生成合成，如图 3-205 所示。双击"项目"面板中自动生成的合成，在"合成"窗口中打开该合成，在"时间轴"面板中可以看到该合成中相应的图层，如图 3-206 所示。

　　　　　　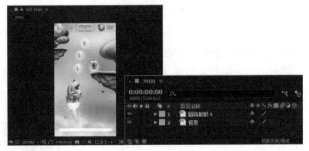

图 3-205　　　　　　　　　　　　　　　图 3-206

03. 在"时间轴"面板中将当前的两个图层锁定。使用"钢笔工具"，在工具栏中设置"填充"为无，"描边"为 #FED800，"描边宽度"为 22 像素，在画布中绘制直线，如图 3-207 所示。将得到的"形状图层 1"重命名为"进度条"，展开"内容"选项中的"形状 1"选项中的"描边 1"选项，设置"线段端点"属性为"圆头端点"，如图 3-208 所示。

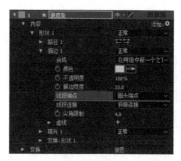

图 3-207　　　　　　　　　　　　　　　　图 3-208

04. 在"合成"窗口中可以看到所绘制直线段端点的效果，如图 3-209 所示。将"时间指示器"移至 0:00:00:01 位置，调整"进度条"图层的入点至该位置，如图 3-210 所示。

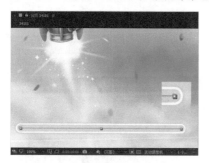

图 3-209　　　　　　　　　　　　　　　　图 3-210

05. 展开"进度条"图层选项，单击"内容"选项右侧的"添加"按钮 ⊙，在弹出菜单中选择"修剪路径"选项，添加"修剪路径"选项，如图 3-211 所示。将"时间指示器"移至 0:00:00:01 位置，为"修剪路径 1"选项中的"结束"属性插入关键帧，设置该属性值为 0%，如图 3-212 所示。

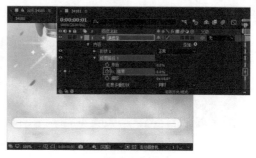

图 3-211　　　　　　　　　　　　　　　　图 3-212

06. 将"时间指示器"移至 0:00:01:00 位置，设置"结束"属性值为 15%，如图 3-213 所示。将"时间指示器"移至 0:00:03:00 位置，设置"结束"属性值为 80%，如图 3-214 所示。

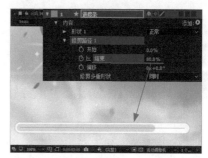

图 3-213　　　　　　　　　　　　　　　　图 3-214

07. 将"时间指示器"移至 0:00:03:24 位置，设置"结束"属性值为 100%，如图 3-215 所示。同时选中该属性的 4 个关键帧，按快捷键 F9，为其应用"缓动"效果，如图 3-216 所示。

 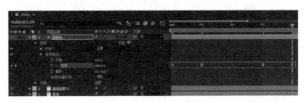

图 3-215　　　　　　　　　　　　　　　　　　图 3-216

08. 将"时间指示器"移至 0:00:00:01 位置，为"形状 1"选项下"描边 1"选项下的"颜色"选项插入关键帧，按快捷键 U，只显示插入关键帧的属性，如图 3-217 所示。将"时间指示器"移至 0:00:03:24 位置，修改"描边颜色"为 #99BD2F，如图 3-218 所示。

 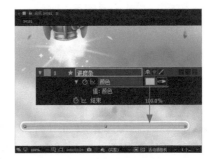

图 3-217　　　　　　　　　　　　　　　　　　图 3-218

09. 同时选中这两个"描边颜色"属性的关键帧，按快捷键 F9，为其应用"缓动"效果，如图 3-219 所示。

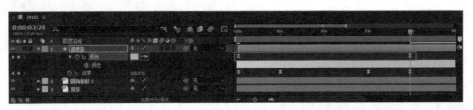

图 3-219

10. 将"时间指示器"移至起始位置，执行"图层 > 新建 > 文本"命令，添加一个空文本图层，如图 3-220 所示。选中该图层，执行"效果 > 文本 > 编号"命令，程序弹出"编号"对话框，按图 3-221 设置各选项。

图 3-220　　　　　　　　　　　　　　　　　　图 3-221

11. 单击"确定"按钮，为该图层应用"编号"效果，在"效果控件"面板中对相关选项进行设置，如图 3-222 所示。在"合成"窗口中将编号数字调整至合适的位置，如图 3-223 所示。

图 3-222　　　　　　　　　　　　　图 3-223

12. 不要选择任何对象，使用"横排文字工具"，在"合成"窗口中单击并输入文字，如图 3-224 所示。将"时间指示器"移至 0:00:00:01 位置，调整两个文本图层的入点至该位置，如图 3-225 所示。

图 3-224　　　　　　　　　　　　　图 3-225

13. 选择"空文本图层"，展开"效果"下的"编号"下的"格式"选项，为"数值 / 位移 / 随机最大"属性插入关键帧，如图 3-226 所示。将"时间指示器"移至 0:00:01:00 位置，修改"数值 / 位移 / 随机最大"属性值为 15，如图 3-227 所示。

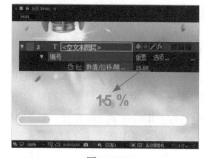

图 3-226　　　　　　　　　　　　　图 3-227

14. 将"时间指示器"移至 0:00:03:00 位置，修改"数值 / 位移 / 随机最大"属性值为 80，如图 3-228 所示。将"时间指示器"移至 0:00:03:24 位置，修改"数值 / 位移 / 随机最大"属性值为 100，如图 3-229 所示。

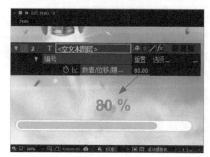
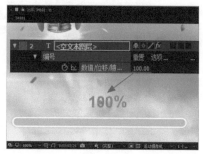

图 3-228　　　　　　　　　　　　　图 3-229

123

15. 在"项目"面板上的合成上单击鼠标右键，在弹出菜单中选择"合成设置"命令，程序弹出"合成设置"对话框，修改"持续时间"为 5 秒，如图 3-230 所示。单击"确定"按钮，完成"合成设置"对话框的设置，展开各图层所设置的关键帧，"时间轴"面板如图 3-231 所示。

图 3-230   图 3-231

16. 执行"文件 > 保存"命令保存文件。单击"预览"面板上的"播放 / 停止"按钮▶，可以在"合成"窗口中预览动画效果。也可以根据前面介绍的渲染输出方法，将该动画渲染输出为视频文件，再使用 Photoshop 将其输出为 GIF 格式的动画，动画效果如图 3-232 所示。

图 3-232

3.4.2 工具栏动画设计

移动端应用中的工具栏是显示图形按钮的选项控制条，每个图形按钮被称为一个工具项，用于执行移动端应用中的一个功能，或者在不同的移动端界面中进行跳转。通常情况下，出现在工具栏上的按钮所执行的都是一些比较常用的命令，目的是更加方便用户的使用。

工具栏一般应用于移动端应用程序中频繁使用的功能，设计者通常要专门在应用界面中开辟出一块地方来设置这些常用的操作。这样的设计直观、突出，而且经常使用这类操作的用户会觉得方便、更有效率。工具栏需要根据应用界面整体的风格来进行设计，只有这样才能够使整个应用界面和谐统一。图 3-233 所示为设计精美的应用工具栏。

图 3-233

　　目前，许多移动端界面设计都会为界面中的工具栏加入交互动画效果，特别是显示与隐藏一组工具图标时，使用交互动画的方式呈现，给用户带来很好的交互体验。如图 2-234 所示，移动应用界面中的一组工具图标默认隐藏在界面底部的"加号"按钮图标中，当用户在界面中点击该图标时，隐藏的工具图标会以交互动画的方式呈现在界面中，非常便于用户的操作，再次点击底部的"加号"按钮图标，会以交互动画的方式将相应的图标收缩隐藏，动态的表现效果给用户带来很好的体验。

图 2-234

实战　制作旋转展开工具栏动画
源文件：资源包＼源文件＼第 3 章＼3-4-2.aep　　视频：资源包＼视频＼第 3 章＼3-4-2.mp4

01. 在 Photoshop 中打开一个设计好的 PSD 素材文件"资源包＼源文件＼第 3 章＼素材＼34201.psd"，打开"图层"面板，可以看到该 PSD 文件中的相关图层，如图 3-235 所示。打开 After Effects，执行"文件 > 导入 > 文件"命令，在弹出的"导入文件"对话框中选择该 PSD 素材文件，如图 3-236 所示。

图 3-235　　　　　　　　　　　　　　　　　　　图 3-236

02. 单击"导入"按钮，程序弹出设置对话框，按图 3-237 所示设置各项参数。单击"确定"按钮，导入 PSD 素材自动生成合成，如图 3-238 所示。

图 3-237　　　　　　　　　　　　　　　　　　　图 3-238

03. 在"项目"面板中的 34201 合成上单击鼠标右键，在弹出菜单中选择"合成设置"选项，程序弹出"合成设置"窗口，设置"持续时间"为 3 秒，如图 3-239 所示。单击"确定"按钮，完成"合成设置"对话框的设置，双击 34201 合成，在"合成"窗口中打开该合成，在"时间轴"面板中可以看到该合成中相应的图层，如图 3-240 所示。

图 3-239 图 3-240

04. 在"时间轴"面板中只显示"背景"和"+号图标"图层,将其他图层隐藏,如图 3-241 所示。将"背景"图层锁定,选择"+号图标"图层,按快捷键 R,显示该图层的"旋转"属性,如图 3-242 所示。

图 3-241 图 3-242

05. 将"时间指示器"移至 0:00:00:05 位置,为"旋转"属性插入关键帧,如图 3-243 所示。将"时间指示器"移至 0:00:00:16 位置,设置"旋转"属性值为 -45°,如图 3-244 所示。

图 3-243 图 3-244

06. 将"时间指示器"移至 0:00:00:05 位置,选择"半透明黑色"图层,显示该图层,按快捷键 T,显示该图层的"不透明度"属性,在当前位置插入"不透明度"属性关键帧,设置该属性值为 0%,如图 3-245 所示。将"时间指示器"移至 0:00:00:16 位置,设置"不透明度"属性值为 60%,如图 3-246 所示。

图 3-245 图 3-246

07. 选择"音符图标"图层,显示该图层,将"时间指示器"移至 0:00:00:16 位置,将该图层入点调整至 0:00:00:16 位置,如图 3-247 所示。展开该图层的"变换"选项,分别为"位置"和"旋转"属性插入关键帧,按快捷键 U,在该图层下方只显示添加了关键帧的属性,如图 3-248 所示。

图 3-247

图 3-248

08. 将"时间指示器"移至 0:00:01:00 位置，单击"位置"属性前的"在当前位置添加关键帧"按钮，插入该属性关键帧，设置"旋转"属性为 1x，如图 3-249 所示。将"时间指示器"移至 0:00:00:16 位置，在"合成"窗口中调整该图标与"+ 号图标"的位置重叠，如图 3-250 所示。

图 3-249

图 3-250

09. 将"时间指示器"移至 0:00:00:22 位置，在"合成"窗口中调整该图标的位置（见图 3-251），完成该图标展开动画的制作。"时间轴"面板如图 3-252 所示。

图 3-251

图 3-252

专家提示

　　0:00:00:16 为该图标动画的起始位置，0:00:01:00 为该图标动画的结束位置，在 0:00:00:22 位置将该图标向其运动的方向适当延伸，制作出一个该图标向外延伸并回弹的动画效果。

10. 根据"音符图标"图层的制作方法，可以完成其他几个图标动画的制作。"合成"窗口如图 3-253 所示，"时间轴"面板如图 3-254 所示。

图 3-253

图 3-254

11. 在"时间轴"面板中将"+号图标"图层移至所有图层上方，如图 3-255 所示。接着制作各图标收回的动画效果。选择"音符图标"图层，按快捷键 U，显示该图层添加了关键帧的属性，将"时间指示器"移至 0:00:02:00 位置，分别为"位置"和"旋转"属性插入关键帧，如图 3-256 所示。

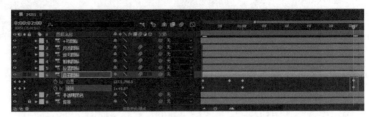

图 3-255　　　　　　　　　　　　　　　　　　图 3-256

12. 将"时间指示器"移至 0:00:02:10 位置，设置"旋转"属性为 0，在"合成"窗口中拖动调整该图标的位置与"+号图标"位置相重叠，如图 3-257 所示。"时间轴"面板如图 3-258 所示。

图 3-257　　　　　　　　　　　　　　　　　　图 3-258

13. 使用相同的制作方法，可以完成其他 4 个图标收回动画效果的制作。"时间轴"面板如图 3-259 所示。

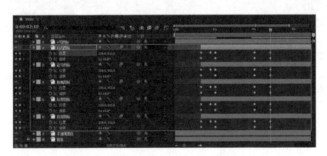

图 3-259

14. 选择"半透明黑色"图层，按快捷键 U，显示该图层添加了关键帧的属性，将"时间指示器"移至 0:00:02:10 位置，为"不透明度"属性插入关键帧，如图 3-260 所示。将"时间指示器"移至 0:00:02:18 位置，设置"不透明度"属性值为 0%，如图 3-261 所示。

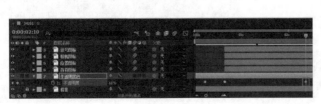

图 3-260　　　　　　　　　　　　　　　　　　图 3-261

15. 选择"+号图标"图层，按快捷键 U，显示该图层添加了关键帧的属性，将"时间指示器"移至 0:00:02:10 位置，为"旋转"属性插入关键帧，如图 3–262 所示。将"时间指示器"移至 0:00:02:18 位置，设置"旋转"属性值为 0°，如图 3–263 所示。

图 3–262　　　　　　　　　　　　　　　　　　　　　图 3–263

16. 在"时间轴"面板中为各图层中的所有属性关键帧应用"缓动"效果，并且为 5 个展开的图标所在的图层开启"运动模糊"功能，展开各图层所设置的关键帧，"时间轴"面板如图 3–264 所示。

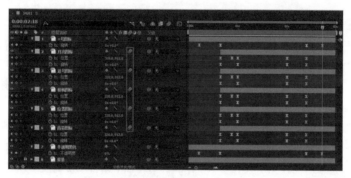

图 3–264

17. 执行"文件 > 保存"命令保存文件。单击"预览"面板上的"播放 / 停止"按钮▶，可以在"合成"窗口中预览动画效果。也可以根据前面介绍的渲染输出方法，将该动画渲染输出为视频文件，再使用 Photoshop 将其输出为 GIF 格式的动画，动画效果如图 3–265 所示。

图 3–265

3.5　文字动画设计

文字是移动端界面设计中重要的元素之一。随着今天大设计的共融，设计的边界也越来越模糊，过去移动端静态的主题文字设计遇上今天的时尚交互设计，原本安静的文字设计动了起来。

3.5.1 文字动画效果的表现优势

文字设计在以往 UI 设计里经常被提及的是字体范式，重在其形。文字动效很少被人提及，一来是技术限制，二来是设计理念。随着简约设计的逐渐流行，如果能够让文字在界面中"动"起来，即使是简单的图文界面，也会立即"活"起来，带给用户一种别样的视觉体验。如图 3-266 所示设计，使用多种色彩沿着文字的轮廓进行流动，表现出很强的视觉流动感，主体文字内容也逐渐从不同的方向以遮罩的方式显示，最终完成轮廓文字与实体文字的转换，有效增强文字的表现效果。

图 3-266

文字动画效果在移动端界面设计中的表现优势主要表现在以下几个方面。

（1）采用动画效果的文字除了看起来漂亮和取悦用户以外，动画也解决了很多界面上的实际性问题。动画起了一个"传播者"的作用，比起静态文字描述，动画文字能使内容表达得更彻底、简洁，更具冲击力。

（2）运动的物体可吸引人的注意力。让界面中的主题文字动起来，是一个很好的突出表现主题的方式，而且不会让用户感觉突兀。

（3）文字动画能够在一定程度上丰富界面的表现力，提升界面的设计感，使界面充满活力。

图 3-267 所示为一个动态 Logo 的表现效果，设计者为该 Logo 中的图形和文字都制作了相应的动画、颜色，首先通过遮罩的方式逐渐显示主体图形，在显示主体图形的过程中结合图形的变形动画，使图形动画效果的表现更加自然。主体图形下方的文字则采用了类似手写动画的表现方式，并且采用了浅蓝色与深蓝色两层文字相互叠加，增强了文字动画的层次感。

图 3-267

实战 **制作手写文字动画**

源文件：资源包 \ 源文件 \ 第 3 章 \3-5-1.aep　　视频：资源包 \ 视频 \ 第 3 章 \3-5-1.mp4

01. 在 After Effects 中新建一个空白的项目，执行"合成 > 新建合成"命令，程序弹出"合成设置"对话框，按图 3-268 所示设置各项参数。单击"确定"按钮，新建合成。执行"文件 > 导入 > 文件"命令，导入素材"资源包\源文件\第 3 章\素材\35101.jpg","项目"面板如图 3-269 所示。

图 3-268　　　　　　　　　　　　　　　　图 3-269

02. 在"项目"面板中将 35101.jpg 素材拖入"时间轴"面板中,将该图层锁定,如图 3-270 所示。使用"横排文字工具",在"合成"窗口中单击并输入相应的文字,在"字符"面板中对文字的相关属性进行设置,如图 3-271 所示。

图 3-270　　　　　　　　　　　　　　　　图 3-271

03. 在"合成"窗口中选中文字,打开"对齐"面板,单击"水平居中对齐"和"垂直居中对齐"按钮,对齐文字,如图 3-272 所示。选择文字图层,使用"钢笔工具",在"合成"窗口中沿着文字笔画绘制路径,如图 3-273 所示。

图 3-272　　　　　　　　　　　　　　　　图 3-273

专家提示

　　使用"钢笔工具"沿文字笔画绘制路径时,需要注意尽可能按照文字的正确书写笔画来绘制,并且尽量将路径绘制在文字笔画的中间位置,而且要保持所绘制的路径为一条完整的路径。

04. 执行"效果 > 生成 > 描边"命令,为文字图层应用"描边"效果,在"效果控件"面板中设置"画笔大小"选项,设置"绘画样式"选项为"显示原始图像",如图 3-274 所示。在"合成"窗口中可以看到当前文字的效果,如图 3-275 所示。

图 3-274 图 3-275

专家提示

在此处的"效果控件"面板中设置"画笔大小"选项时，注意观察"合成"窗口中的描边效果，要求描边完全覆盖文字的笔划粗细即可。将"绘画样式"选项设置为"显示原始图像"，是因为我们需要通过该效果来制作原始文字的手写动画效果，而这里所设置的描边只相当于文字笔画的遮罩。

05. 将"时间指示器"移至起始位置，展开文字图层中"效果"选项中的"描边"选项，设置"结束"属性值为 0%，为该属性插入关键帧，如图 3-276 所示。在"合成"窗口中可以看到文字被完全隐藏，只显示刚绘制的笔画路径，如图 3-277 所示。

图 3-276 图 3-277

06. 选择文字图层，按快捷键 U，在其下方只显示添加了关键帧的属性。将"时间指示器"移至 0:00:02:10 位置，设置"结束"属性值为 100%，如图 3-278 所示。在"合成"窗口中可以看到文字完全显示，如图 3-279 所示。

图 3-278 图 3-279

07. 同时选中该图层的两个关键帧，按快捷键 F9，为选中的关键帧应用"缓动"效果，如图 3-280 所示。导入素材图像"资源包\源文件\第 3 章\素材\35102.png"，将其拖入"时间轴"面板中，在"合成"窗口中将该素材图像调整到合适的大小和位置，如图 3-281 所示。

图 3-280 图 3-281

08. 选中该素材图像，使用"钢笔工具"，在"合成"窗口中沿着素材笔画绘制路径，如图 3-282 所示。执行"效果 > 生成 > 描边"命令，为该素材图层应用"描边"效果，在"效果控件"面板中设置"画笔大小"选项，设置"绘画样式"选项为"显示原始图像"，如图 3-283 所示。

图 3-282 图 3-283

09. 将"时间指示器"移至 0:00:02:02 位置，展开该素材图层中"效果"选项中的"描边"选项，设置"结束"属性值为 0%，为该属性插入关键帧，按快捷键 U，在其下方只显示添加了关键帧的属性，如图 3-284 所示。在"合成"窗口中可以看到素材图像被完全隐藏，只显示刚绘制的路径，如图 3-285 所示。

图 3-284 图 3-285

10. 将"时间指示器"移至 0:00:03:00 位置，设置"结束"属性值为 100%，如图 3-286 所示。同时选中该图层的两个关键帧，按快捷键 F9，为选中的关键帧应用"缓动"效果，如图 3-287 所示。

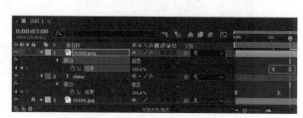

图 3-286 图 3-287

11. 在"时间轴"面板中同时选中文字图层和素材图像图层，如图 3-288 所示。执行"图层 > 预合成"命令，程序弹出"预合成"对话框，按图 3-289 设置各项参数。

图 3-288　　　　　　　　　　　　　　　图 3-289

12. 单击"确定"按钮，将同时选中的图层创建为一个名称为"文字动画"的预合成，开启该图层的 3D 功能，如图 3-290 所示。按快捷键 P，显示该图层的"位置"属性，按住 Alt 键不放，单击"位置"属性前的"秒表"按钮，显示表达式输入窗口，输入表达式，如图 3-291 所示。

图 3-290　　　　　　　　　　　　　　　图 3-291

> **专家提示**
>
> 　　此处为"位置"属性所添加的是一个抖动表达式，使文字产生抖动的效果。抖动表达式的语法格式为 wiggle(x,y)，抖动频率为每秒摇摆 x 次，每次 y 像素。

13. 执行"图层 > 新建 > 纯色"命令，程序弹出"纯色设置"对话框，按图 2-392 所示设置各项参数。单击"确定"按钮，添加一个纯色图层，如图 3-293 所示。

图 3-292　　　　　　　　　　　　　　　图 3-293

14. 选择刚添加的纯色图层，使用"矩形工具"，在该图层中绘制一个矩形遮罩，如图 3-294 所示。在"时间轴"面板中设置所添加蒙版的"模式"为"相减"，效果如图 3-295 所示。

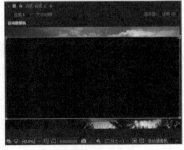

图 3-294　　　　　　　　　　　　　　　图 3-295

15. 执行"文件 > 保存"命令保存文件。单击"预览"面板上的"播放 / 停止"按钮▶，可以在"合成"窗口中预览动画效果。也可以根据前面介绍的渲染输出方法，将该动画渲染输出为视频文件，再使用 Photoshop 将其输出为 GIF 格式的动画，动画效果如图 3-296 所示。

图 3-296

3.5.2　文字动画的常见表现方法

文字动画的制作和表现方法与其他元素动画的表现方法类似，大多数都是通过对文字的基础属性来实现的。也可通过对文字添加蒙版或添加效果来实现各种特殊的文字动画效果。本节介绍几种常见的文字动画表现效果。

1. 基础文字动画

最简单的就是基础的文字动画效果，基于"文字"的位置、旋转、缩放、透明度、填充和描边等基础属性来制作关键帧动画，可以逐字、逐词地制作动画，也可以对完整一句文本内容来制作动画。灵活运用基础属性可以表现出丰富的动画效果。图 3-297 所示一个基础的文字动画效果，两部分文字分别从左侧和底部模糊入场，通过文字的"撞击"，上面颠倒的文字翻转为正常的表现效果，从而构成完整的文字表现内容。

图 3-297

2. 文字遮罩动画

遮罩是动画中非常常见的一种表现形式，在文字动画中也不例外。从视觉感官上来说，通过简单的元素、丰富得体的运动设计，营造的冲击力清新而美好。文字遮罩动画的表现形式非常多，但需要注意的是，在设计文字动画时，形式勿大于内容。图 3-298 所示为一个文字运动遮罩动画效果，设计者通过一个矩形的图形在界面中左右移动，每移动一次都会通过遮罩的形式表现出新的主题文字内容，最后使用遮罩的形式使主题文字内容消失，从而实现动画的循环。由此可见，在动画的处理过程中适当地为元素加入缓动和模糊效果，将使动画的表现效果更加自然。

图 3-298

3．与手势结合的文字动画

随着智能设备的兴起，"手势动画"也逐渐大热。这里所说的与手势相结合的文字动画指的是真正的手势，即让手势参与文字动画的表现中来，简单地理解，也就是在文本动画的基础上加上"手"这个元素。图 3-299 所示为一个与手势相结合的文字动画效果，设计师通过人物的手势将主题文字放置在场景中，并且通过手指的滑动遮罩显示相应的文字内容，最后通过人物的抓取手势，制作出主题文字整体遮罩消失的效果。由此可见，将文字动画与人物操作手势相结合，会给人一种非常新奇的表现效果。

图 3-299

4．粒子消散动画

将文字内容与粒子动画相结合可以制作出文字的粒子消散动画效果，能够给人很强的视觉冲击力。尤其在 After Effects 中，利用各种粒子插件，如 Trapcode Particular、Trapcode Form 等，可以表现出多种炫酷的粒子动画效果。图 3-300 所示为一个文字粒子消散动画效果，主题文字转变为细小的粒子并逐渐扩散，从而实现转场，转场后的大量粒子逐渐聚集形成新的主题文字内容。

图 3-300

5．光效文字动画

在文字动画的表现过程中加入光晕或光线的效果，通过光晕或光线的变换表现出主题文字，将使文字效果的表现更加富有视觉冲击力。图 3-301 所示为一个光效文字动画效果，设计者通过光晕动画与文字的 3D 翻转相结合来表现主题文字，视觉效果表现强烈。

图 3-301

6. 路径生成动画

这里要说的路径不是给文字做路径动画，而是用其他元素如线条或者粒子做路径动画，最后以"生成"的形式表现出主题文字内容。这种基于路径来表现的文字动画效果，可以使文字动画的表现效果更加绚丽。图 3-302 所示为一个路径生成动画效果，设计使两条对比色彩的线条围绕圆形路径进行运动，并逐渐缩小圆形路径范围，最终形成强光点，然后采用遮罩的形式从中心位置向四周逐渐扩散表现出主题文字内容，在整个动画过程中还加入了粒子效果，使文字动画的表现非常绚丽。

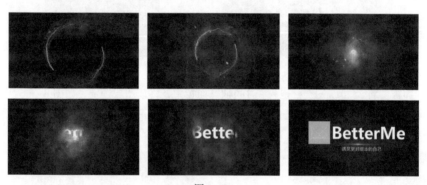

图 3-302

7. 动态文字云

在文字排版中，"文字云"的形式越来越受到大家的喜欢，我们同样可以使用文字云的形式来表现文字的动画效果，这样既能够表现文字内容，也能够通过文字所组合而成的形状表现其主题。图 3-303 所示为一个文字云动画效果，主题文字与其相关的各种关键词内容从各个方向飞入组成汽车形状图形，非常生动并富有个性。

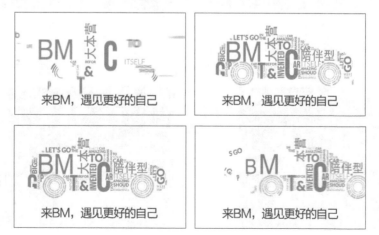

图 3-303

专家提示

　　除了以上所介绍的这几种常见的文字动画表现形式外，还有许多其他的文字动画表现效果，实际上，这些文字动画效果基本上都是通过基本动画结合遮罩或一些特效表现出来的，这就要求我们在文字动画的制作过程中灵活地运用各种基础动画表现形式。

实战　制作动感遮罩文字动画

源文件：资源包 \ 源文件 \ 第 3 章 \3-5-2.aep　　视频：资源包 \ 视频 \ 第 3 章 \3-5-2.mp4

01. 在 After Effects 中新建一个空白的项目，执行"合成 > 新建合成"命令，程序弹出"合成设置"对话框，按图 3-304 所示设置各项参数。单击"确定"按钮，新建合成。执行"文件 > 导入 > 文件"命令，导入素材"资源包 \ 源文件 \ 第 3 章 \ 素材 \35201.jpg"，"项目"面板如图 3-305 所示。

图 3-304 　　　　　　　　　　　　　　　　图 3-305

02. 在"项目"面板中将 35201.jpg 素材拖入"时间轴"面板中，将该图层锁定，如图 3-306 所示。使用"横排文字工具"，在"合成"窗口中单击并输入相应的文字，在"字符"面板中对文字的相关属性进行设置，如图 3-307 所示。

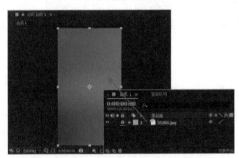

图 3-306 　　　　　　　　　　　　　　　　图 3-307

03. 选中刚输入的文字，使用"向后平移（锚点）工具"，将其中心点位置调整至文字中间，如图 3-308 所示。打开"对齐"面板，单击"水平居中对齐"和"垂直居中对齐"按钮，对齐文字，如图 3-309 所示。

图 3-308 　　　　　　　　　　　　　　　　图 3-309

04. 选择文字图层，执行"图层 > 从文本创建形状"命令，得到形状图层，程序自动将原文字图层隐藏，如图 3-310 所示。使用"矩形工具"，在工具栏中单击"工具创建蒙版"按钮█，在"合成"窗口中绘制一个矩形作为文字的遮罩，如图 3-311 所示。

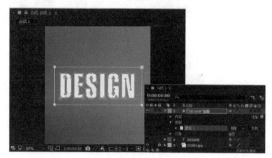

图 3-310　　　　　　　　　　　　　　　　　图 3-311

05. 使用"选择工具"，在"合成"窗口中将矩形蒙版向左移至合适的位置，如图 3-312 所示。在"时间轴"面板中展开"蒙版 1"选项，为"蒙版路径"属性插入关键帧，如图 3-313 所示。

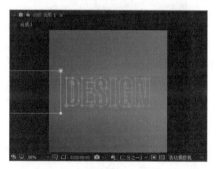

图 3-312　　　　　　　　　　　　　　　　　图 3-313

06. 将"时间指示器"移至 0:00:01:00 位置，在"合成"窗口中将矩形蒙版向右移至合适的位置，如图 3-314 所示。同时选中该图层的两个关键帧，按快捷键 F9，为其应用"缓动"效果，如图 3-315 所示。

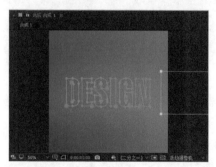

图 3-314　　　　　　　　　　　　　　　　　图 3-315

专家提示

　　使用"选取工具"在"合成"窗口中移动蒙版路径时，当光标移至蒙版路径的边缘上时，光标出现黑色实心光标效果，此时拖动鼠标即可移动蒙版路径，在移动蒙版路径的过程中按住 Shift 键，可以将移动方向控制在水平或垂直方向。

07. 选中该文字图层，执行"效果 > 生成 > 棋盘"命令，为该文字图层应用"棋盘"效果，"合成"窗口如图 3-316 所示。将"时间指示器"移至 0:00:00:12 位置，在"效果控件"面板中设置"混合模式"为"模板 Alpha"，"宽度"设置为 72，如图 3-317 所示。

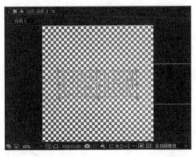
图 3-316

图 3-317

08. 完成"效果控件"面板中选项的设置后,在"合成"窗口中可以看到当前位置的棋盘效果,如图 3-318 所示。将"时间指示器"移至起始位置,在"效果控件"面板中单击"锚点"属性前的"秒表"图标,为该属性插入关键帧,如图 3-319 所示。

图 3-318

图 3-319

09. 在"时间轴"面板中选择文字图层,按快捷键 U,在该图层下方只显示添加了关键帧的属性。将"时间指示器"移至 0:00:01:00 位置,对"锚点"属性值进行设置,如图 3-320 所示。同时选中该属性的两个关键帧,按快捷键 F9,为其应用"缓动"效果,如图 3-321 所示。

图 3-320

图 3-321

10. 完成该图层中动画效果的制作后,将该图层隐藏,显示 DESIGN 图层,并选择该图层,执行"图层 > 从文本创建形状"命令,得到形状图层,将该图层重命名为"文字 2",如图 3-322 所示。通过在"时间轴"面板中拖动该图层的蓝色条形,调整图层的入点为 0:00:01:03 位置,如图 3-323 所示。

图 3-322

图 3-323

11. 执行"效果 > 生成 > 圆形"命令,为"文字 2"图层添加"圆形"效果,在"效果控件"面板中设置"混合模式"为"模板 Alpha","边缘"为"边缘半径",如图 3-324 所示。在"合成"窗口中可以看到应用"圆形"的效果,如图 3-325 所示。

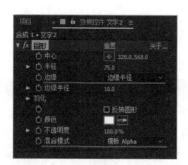

图 3-324　　　　　　　　　　　　　　　图 3-325

12. 将"时间指示器"移至 0:00:01:03 位置，在"效果控件"面板中分别单击"半径"和"边缘半径"属性前的"秒表"图标，插入这两个属性关键帧，设置这两个属性值均为 0，如图 3-326 所示。选择"文字 2"图层，按快捷键 U，在该图层下方只显示添加了关键帧的属性，如图 3-327 所示。

图 3-326　　　　　　　　　　　　　　图 3-327

13. 将"时间指示器"移至 0:00:02:00 位置，设置"边缘半径"属性值为 240，如图 3-328 所示。将"时间指示器"移至 0:00:02:04 位置，设置"半径"属性值为 240，如图 3-329 所示。

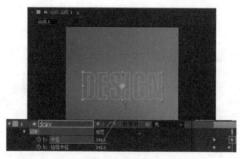

图 3-328　　　　　　　　　　　　　　图 3-329

14. 在"时间轴"面板中拖动鼠标选中该图层中的 4 个属性关键帧，如图 3-330 所示。按快捷键 F9，为其应用"缓动"效果，如图 3-331 所示。

图 3-330　　　　　　　　　　　　　　图 3-331

15. 选择"文字 2"图层，按组合键 Ctrl+D 复制该图层，将复制得到的图层重命名为"文字 3"，如图 3-332 所示。将"时间指示器"移至 0:00:01:13 位置，拖动该图层的蓝色条形，调整该图层的入点为 0:00:01:13 位置，如图 3-333 所示。

图 3-332   图 3-333

专家提示

可以在"文字 2"图层中制作"圆形"效果的"半径"和"边缘半径"属性的动画，从而制作出类似圆环遮罩文字的动画效果。此处直接复制"文字 2"图层得到"文字 3"图层，将其初始位置向后移动一些，从而快速制作出第 2 个圆环向外扩散遮罩文字的动画效果。

16. 选择"文字 3"图层，按组合键 Ctrl+D 复制该图层，得到"文字 4"图层，如图 3-334 所示。将"时间指示器"移至 0:00:01:23 位置，拖动该图层的蓝色条形，调整该图层的入点为 0:00:01:23 位置，如图 3-335 所示。

图 3-334   图 3-335

17. 选择"文字 4"图层，按快捷键 U，在该图层下方只显示添加了关键帧的属性，拖动鼠标同时选中两个"半径"属性的关键帧，如图 3-336 所示。拖动这两个关键帧，将其向右移动位置，如图 3-337 所示。

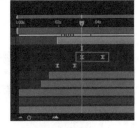

图 3-336   图 3-337

专家提示

在"文字 4"图层中需要实现的不再是文字的圆环遮罩效果，而是圆形遮罩出现再消失的动画。在添加的"圆形"效果中，"边缘半径"属性关键帧控制的是文字的圆形遮罩显示动画效果，而"半径"属性关键帧控制的是文字的圆形遮罩消失动画效果，所以需要在该图层中将"半径"属性的关键帧向右拖动，移至"边缘半径"关键帧动画结束以后再开始。

18. 在"项目"面板上的合成上单击鼠标右键，在弹出菜单中选择"合成设置"命令，程序弹出"合成设置"对话框，修改"持续时间"为 5 秒，如图 3-338 所示。单击"确定"按钮，完成"合成设置"对话框的设置，在"时间轴"面板中显示出"DESIGN 轮廓"图层，展开各图层所设置的关键帧，如图 3-339 所示。

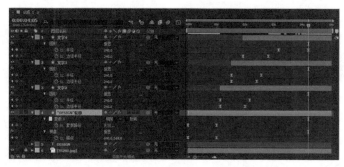

图 3-338 　　　　　　　　　　　　　　　　　　　　图 3-339

19. 执行"文件 > 保存"按钮保存文件。单击"预览"面板上的"播放 / 停止"按钮▶，可以在"合成"窗口中预览动画效果。也可以根据前面介绍的渲染输出方法，将该动画渲染输出为视频文件，再使用 Photoshop 将其输出为 GIF 格式的动画，动画效果如图 3-340 所示。

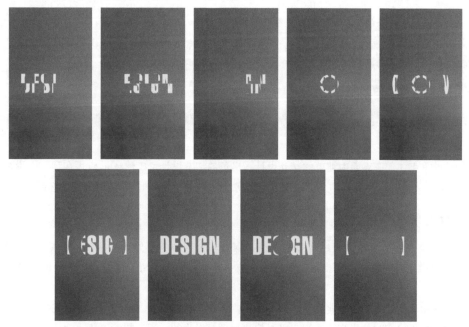

图 3-340

3.6　本章小结

　　移动端 UI 界面中所包含的元素众多，而各种交互动画效果大多数都是应用于各种小的 UI 元素之中，给用户很好的提示作用，也增强了界面的表现力。本章向读者介绍了界面中多种 UI 元素的动画表现方式，并且详细讲解了案例的制作过程。通过本章的学习，读者能掌握 UI 元素动画制作的方法，并能够将其应用到 UI 界面设计中。

第 4 章　移动 UI 转场交互动画设计

在使用一些移动端或 PC 端的应用软件时，人们常常会有一些界面之间进行跳转切换操作，尤其是在移动端设备上，因为屏幕尺寸和交互方式的特性，会更多地出现界面的跳转切换操作。突然从一个界面切换到另一个界面的情况会给用户带来困扰，所以在触发这些操作的同时，往往需要过渡形式的动画来引导，这就是转场交互动画。本章将详细介绍移动 UI 界面中的转场交互动画，并详细讲解实例的制作过程，使读者掌握转场交互动画的制作方法和技巧。

◎ 本章知识点

- 理解如何设计出优秀的 UI 动态交互效果。
- 了解导航菜单的重要性。
- 掌握侧边导航菜单动画的制作。
- 理解转场动画设计规范。
- 了解交互动画设计中需要注意的细节。
- 理解导航菜单的设计要点。
- 理解 4 种主流的转场动画效果。
- 掌握各种转场动画效果的制作方法。

4.1　如何设计出优秀的 UI 动态交互效果

交互设计的重点体现在界面中细节的交互设计。出色的细节设计可以使 App 应用在竞争中脱颖而出，它们可能是实用的、不起眼的衬托，抑或使用户印象深刻，为用户提供帮助，甚至引人流连忘返。

4.1.1　明确系统状态

系统应该在合理的时间里，通过合适的反馈来保持告知用户将要发生的事情，也就是说，UI 界面必须持续为用户提供良好的操作反馈。移动应用不应该引起用户不断的猜测，而是应该告诉用户当前发生的事情。

合理的交互动画设计能够很好地为用户的操作提供合适的视觉反馈。对移动端应用的操作过程状态，交互动画能够为用户提供实时的告知，使用户可以快速地理解发生的一切。图 4-1 所示为移动端界面中一个文件下载的交互动画，当用户单击下载图标后，该下载图标将会以交互动画的形式呈现整个下载过程，至最终文件下载完成后，图标变成一个完成的效果，整体给用户很好的指引和提示。图 4-2 所示为移动端 App 应用界面设计中常见的下拉刷新操作的交互动画效果，这类动画引发了移动设备上的内容设计创新，充满趣味性的刷新动画总是能给用户留下深刻印象。

图 4-1

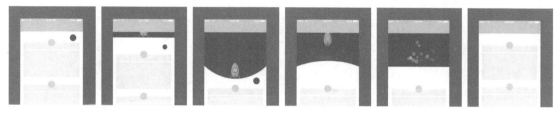

图 4-2

4.1.2　让按钮和操控拥有触感

UI 界面中的元素和操控元件无论处于界面中的任何位置，它们的操控都应该是可触知的。及时响应输入及设计相应的操作反馈动画，能够为用户带来很好的视觉和动态指引。简单来说，拥有触感的按钮和操控可以对用户在界面中的操作行为给予视觉反馈，从而提升界面感知的清晰度。

合理的操作视觉反馈，能够有效满足用户对接收信息的欲望，使用户在移动端界面中进行操作时，时刻感觉能掌控一切，给用户带来很好的交互体验。如图 4-3 所示，设计者为界面中的每个选项都应用了相应的交互反馈动画效果，当用户在界面中点击某个选项时，在所点击的选项上会出现浅灰色圆形逐渐放大再消失的动画效果，为用户提供很好的反馈，使用户明确知道当前操作的是哪个选项。

图 4-3

4.1.3　有意义的转场动画

可以借助交互动画的形式让用户在导航和内容之间流畅地切换，来理解屏幕中布置的元素的变化或以此强化界面元素的层级。界面中的转场动画设计是一种取悦用户的手段，能够有效地吸引用户的注意。有意义的转场动画在移动设备上显得尤其出色，毕竟方寸之间容不下大量信息的堆砌。

如图 4-4 所示，苹果手机的 iOS 系统就设计了优秀的交互转场动画，用户选择某个文件夹中的 App 应用图标时，视角会接着拉近到该文件夹的详情视图，或者是拉近到该 App 应用的主界面中，平滑的转场过渡给用户带来操作的流畅感。如图 4-5 所示，应用通过元素的流动和颜色的变化来实现转场的动画效果，当用户在界面中单击黄色的功能操作按钮后，该元素会移动至界面的下方并逐渐放大填充整个界面的下半部分，同时显示相应的选项，界面的转场切换显示轻松流畅，并且能够很好地使两个界面之间产生关联。

图 4-4

图 4-5

4.1.4 帮助用户开始

合理的载入体验与交互动画设计在信息载入过程中发挥了重大作用，能够为初次接触该移动应用的用户带来极大的冲击。当用户在进入该 App 应用时，动画的表现形式能够突出最重要的特性和操控，给用户提供及时的引导和帮助。图 4-6 所示为某移动端应用用户动后的初始引导界面，采用交互动画的形式为用户提供相应的操作引导，在界面中为用户提供必要的信息，并且能够引导用户高效地达到相应的操作目的。

图 4-6

4.1.5 强调界面的变化

在许多情况下，界面中的动画效果用于吸引用户对界面中重要细节的注意力和关注。但是在界面中应用这类动画效果时需要注意，应确保动画服务于界面中非常重要的功能，为用户提供良好的视觉指引，而不是为了界面更炫酷而盲目地添加动画效果。图 4-7 所示为一个移动应用中常见的通知图标，默认状态下该图标以静态效果显示，当用户接收到新的通知信息时，该图标将左右摇晃并在图标右上角显示未读信息数量，从而更好地引起用户的关注。

图 4-7

4.1.6 需要注意的细节

在界面中应用交互动画效果时应该注意以下几个方面的细节。

（1）交互动画在界面中几乎是不可见的，并且完全是功能性的。确保交互动画适用于服务功能目的，不要让用户感觉到被打扰。对常用的及次要的操作，建议采用适度的响应；而对低频的、主要的操作，响应则应该更有分量。

（2）了解用户群体。根据前期的用户调研和目标受众群体，可以使界面中所设计的交互动画效果更加精确、有效。

（3）遵循 KISS 原则。在界面中设计过多的交互动画效果会对产品造成致命的问题。交互动画不应该使屏幕信息过载，造成用户长时间的等待。相反地，它应该通过迅速地传达有价值的信息来节省用户的时间。

（4）与界面元素视觉效果统一。在界面中所设计的交互动画效果应该与 App 应用的整体视觉风格相协调，营造出和谐、统一的产品感知。

实战　制作界面列表显示动画

源文件：资源包＼源文件＼第 4 章 \4-1-6.aep　　视频：资源包＼视频＼第 4 章 \4-1-6.mp4

01. 在 Photoshop 中打开一个设计好的 PSD 素材文件"资源包＼源文件＼第 4 章＼素材 \41601.psd"，打开"图层"面板，可以看到该 PSD 文件中的相关图层，如图 4-8 所示。打开 After Effects，执行"文件 > 导入 > 文件"命令，在弹出的"导入文件"对话框中选择该 PSD 素材文件，如图 4-9 所示。

　　　　图 4-8　　　　　　　　　　　　　　　　　　　图 4-9

02. 单击"导入"按钮，在弹出的对话框中按图 4-10 设置各项参数。单击"确定"按钮，导入 PSD 素材自动生成合成，如图 4-11 所示。

　　　　图 4-10　　　　　　　　　　　　　　　　　　图 4-11

03. 在"项目"面板中双击 41601 合成，在"合成"窗口中打开该合成，如图 4-12 所示。在"时间轴"面板中可以看到该合成中相应的图层，如图 4-13 所示。

　　　　图 4-12　　　　　　　　　　　　　　　　　　图 4-13

04. 选择"背景"图层，将其锁定，使用"椭圆工具"，设置"填充"为黑色，"描边"为"无"，在"合成"窗口中按住 Shift 键绘制一个正圆形，如图 4-14 所示。选择该图层，按快捷键 T，设置其"不透明度"为30%，如图 4-15 所示。

图 4-14   图 4-15

05. 选择"形状图层1"，按快捷键P，显示"位置"属性，将"时间指示器"移至0:00:00:04位置，为"位置"属性
       插入关键帧，如图4-16所示。将"时间指示器"移至0:00:00:14位置，
       在"合成"窗口中将该正圆形移至合适的位置，如图4-17所示。

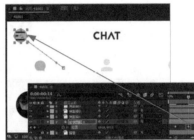

图 4-16   图 4-17

专家提示

    默认情况下，在After Effects的"合成"窗口中所绘制的形状图形的中心点并不位于该形状图形的中心，如果需
要对该形状图形制作动画效果，首先需要调整该形状图形的中心点位置，因为所有的变换操作都是基于图形的中心点
的，不同的中心点位置会得到不同的变换效果。

06. 按快捷键S，在该图层下方显示"缩放"属性，确定"时间指示器"位于0:00:00:14位置，为"缩放"属
       性插入关键帧，如图4-18所示。将"时间指示器"移至0:00:00:18位
       置，设置"缩放"属性值为130%，如图4-19所示。

图 4-18   图 4-19

07. 将"时间指示器"移至0:00:00:21位置，设置"缩放"属性值为90%，如图4-20所示。将"时间指示器"
       移至0:00:00:24位置，设置"缩放"属性值为150%，如图4-21所示。

图 4-20   图 4-21

08. 按快捷键 T，在该图层下方显示"不透明度"属性，将"时间指示器"移至 0:00:00:14 位置，为"不透明度"属性插入关键帧，如图 4-22 所示。将"时间指示器"移至 0:00:00:24 位置，设置"不透明度"属性值为 0%，如图 4-23 所示。

图 4-22　　　　　　　　　　　　　　　　　图 4-23

09. 按快捷键 U，在该图层下方显示添加了关键帧的属性，拖动鼠标同时选中该图层中的所有属性关键帧，如图 4-24 所示。按快捷键 F9，为选中的多个关键帧同时应用"缓动"效果，如图 4-25 所示。

图 4-24　　　　　　　　　　　　　　　　　图 4-25

专家提示

此处通过所绘制的这个小圆点来模拟手指在界面中的操作，单击界面左上角的图标后，界面中的列表项将依次从左侧进入界面中，接下来就需要制作各列表项依次进入界面的动画效果。

10. 在"时间轴"面板中同时选中"列表项 1"至"列表项 6"图层，在"合成"窗口中将所选中图层的内容整体向左移至合适的位置，如图 4-26 所示。按快捷键 P，在选中图层下方显示"位置"属性，将"时间指示器"移至 0:00:01:00 位置，分别为"列表项 1"至"列表项 6"图层插入"位置"属性关键帧，如图 4-27 所示。

图 4-26　　　　　　　　　　　　　　　　　图 4-27

11. 将"时间指示器"移至 0:00:01:20 位置，在"合成"窗口中将所选中图层的内容整体向右移至合适的位置，如图 4-28 所示。在"时间轴"窗口中拖动鼠标，同时选中"列表项 1"至"列表项 6"图层的"位置"属性关键帧，如图 4-29 所示。

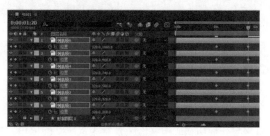

图 4-28　　　　　　　　　　　　　　　　　图 4-29

12. 按快捷键 F9，为选中的多个关键帧同时应用"缓动"效果，如图 4-30 所示。目前所有列表项都是同时进入界面中的，如果想按先后顺序进行，则可以通过调整关键帧位置的方法来实现。选择"列表项 2"图层，同时选中该图层中的两个关键帧，将其右侧拖动 2 帧位置，如图 4-31 所示。

图 4-30   图 4-31

13. 使用相同的制作方法，分别对"列表项 3"至"列表项 6"图层中的关键帧位置进行调整，如图 4-32 所示。为"列表项 1"至"列表项 6"图层开启"运动模糊"功能，如图 4-33 所示。

图 4-32   图 4-33

14. 执行"文件 > 保存"命令保存文件。单击"预览"面板上的"播放 / 停止"按钮 ▶，可以在"合成"窗口中预览动画效果。也可以根据前面介绍的渲染输出方法，将该动画渲染输出为视频文件，再使用 Photoshop 将其输出为 GIF 格式的动画，动画效果如图 4-34 所示。

图 4-34

4.2 导航菜单切换动画

移动端导航菜单的表现形式多种多样，除了目前广泛使用的交互式侧边导航菜单外，还有其他表现形式，合理的移动端导航菜单动画设计，不仅可以提高用户体验，还可以增强移动端应用的设计感。

4.2.1 导航菜单的重要性

导航菜单在移动端应用软件中有着非常广泛的应用。移动端应用软件为了帮助使用者更好地使用该 App

所提供的功能，开发人员会将 App 中所能够提供的功能列成一个清单，从而方便用户的选择和执行。用户可以根据菜单所显示项目的功能，选择自己所需要的功能，从而完成所需要的任务。

这种方法极大地方便了用户，使用户在使用一个新的移动端应用时，不用花多少时间和力气去记忆使用规则，就能很快地学会使用该移动端应用。因此，导航菜单是移动端应用给用户的第一个界面，导航菜单设计得好坏，将直接影响用户对应用的使用效果。

好的移动端导航菜单设计有助于用户对 App 应用的学习，更快地掌握 App 应用的使用方法，并方便地操作应用程序。可以这样说，移动端界面的实用性在一定程度上取决于导航菜单设计的质量和水平。图 4-35 所示为移动端界面中的导航菜单效果。

图 4-35

4.2.2　导航菜单的设计要点

在设计移动端界面导航菜单时，最好能够按照移动操作系统所设定的规范进行，这样不仅能使所设计出的导航菜单界面更美观丰富，而且能与操作系统协调一致，使用户能够根据平时对系统的操作经验，触类旁通地知晓该移动端应用的各功能和简捷的操作方法，增强移动端应用的灵活性和可操作性。图 4-36 所示为常见的移动端导航菜单设计。

将菜单放置在界面的右侧，并使用不同的背景颜色进行区分，非常别致、新颖。

图 4-36

导航菜单的设计要点如下。

1. 不可操作的菜单项一般需要屏蔽变灰

导航菜单中有一些菜单项是以变灰的形式出现的，并使用虚线字符来显示，这一类的命令表示当前不可用，也就是说，执行此命令的条件当前还不具备。

2. 当前使用的菜单命令进行标记

对当前正在使用的菜单命令，可以使用改变背景色或在菜单命令旁边添加勾号（√），区别显示当前选择和使用的命令，使菜单的应用更具有识别性。

3. 对相关的命令使用分隔条进行分组

为了使用户迅速地在菜单中找到需要执行的命令项，非常有必要对菜单中相关的一组命令用分隔条进行分组，这样可以使菜单界面更清晰、易于操作。

4. 应用动态和弹出式菜单

动态菜单即在移动端应用运行过程中会伸缩的菜单，弹出式菜单的设计则可以有效地节约界面空间。通过动态菜单和弹出式菜单的设计和应用，可以更好地提高应用界面的灵活性和可操作性。图 4-37 所示为一个移动端应用的侧边导航菜单动画效果，当用户单击界面左上角的导航菜单图标时，隐藏的导航菜单会以交互动画的形式从左侧滑入界面中，并且该界面中的侧边导航菜单还采用了非常规的圆弧状设计，给人留下深刻印象。动态的表现方式使 UI 界面的交互性更加突出，有效地提高用户的交互体验。

图 4-37

4.2.3　侧边式导航的优势

随着移动互联网的发展和普及，移动端的导航菜单与传统 PC 端的导航形式有着一定的区别，主要表现为移动端为了节省屏幕的显示空间，通常采用响应式导航菜单。默认情况下，在移动端界面中隐藏导航菜单，在有限的屏幕空间中充分展示界面内容，在需要使用导航菜单时，再通过单击相应的图标来动态滑出导航菜单，常见的有侧边滑出菜单、顶部滑出菜单等形式。

如图 4-38 所示，移动端界面采用左侧滑入导航，当用户需要进行相应操作时，可以单击相应的按钮，滑出导航菜单，不需要时可以将其隐藏，节省界面空间。如图 4-39 所示，移动端页面采用顶端滑入导航，并且导航使用鲜艳的色块与页面其他元素相区别，不需要使用时，可以将导航菜单隐藏。

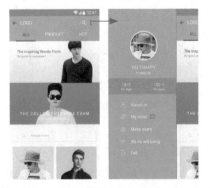

图 4-38

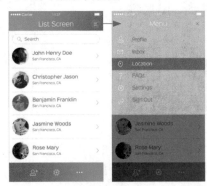

图 4-39

专家提示

侧边式导航又称为抽屉式导航，在移动端界面中常常与顶部或底部标签导航结合使用。侧边式导航将部分信息内容进行隐藏，突出了界面中的核心内容。

交互式动态导航菜单能够给用户带来新鲜感和愉悦感，并且能够有效地增强用户的交互体验，但是交互式动态导航菜单不能忽略其本身最主要的性质即使用性。在设计交互式导航菜单时，设计者需要尽可能使用用户熟悉和了解的操作方法来表现导航菜单动画，从而使用户能够快速适应界面的操作。

实战　制作侧边滑入菜单动画
源文件: 资源包 \ 源文件 \ 第 4 章 \4-2-3.aep　　视频: 资源包 \ 视频 \ 第 4 章 \4-2-3.mp4

01. 在 Photoshop 中打开一个设计好的 PSD 素材文件 "资源包 \ 源文件 \ 第 4 章 \ 素材 \42301.psd"，打开 "图层" 面板，可以看到该 PSD 文件中的相关图层，如图 4-40 所示。打开 After Effects，执行 "文件 > 导入 > 文件" 命令，在弹出的 "导入文件" 对话框中选择该 PSD 素材文件，如图 4-41 所示。

图 4-40　　　　　　　　　　　　　　　　　图 4-41

02. 单击 "导入" 按钮，在弹出的对话框按图 4-42 所示设置各项参数。单击 "确定" 按钮，导入 PSD 素材自动生成合成，如图 4-43 所示。

图 4-42　　　　　　　　　　　　　　　　　图 4-43

03. 在 "项目" 面板中的 42301 合成上单击鼠标右键，在弹出菜单中选择 "合成设置" 选项，程序弹出 "合成设置" 窗口，设置 "持续时间" 为 4 秒，如图 4-44 所示。单击 "确定" 按钮，完成 "合成设置" 对话框的设置。双击 42301 合成，在 "合成" 窗口中打开该合成，在 "时间轴" 面板中可以看到该合成中相应的图层，如图 4-45 所示。

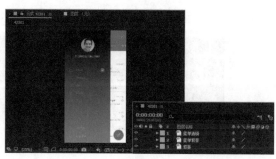

图 4-44　　　　　　　　　　　　　　　　　图 4-45

04. 制作"菜单背景"图层中的动画效果,在"时间轴"面板中将"背景"图层锁定,将"菜单选项"图层隐藏,如图 4-46 所示。选择"菜单背景"图层,将"时间指示器"移至 0:00:01:16 位置,为该图层下方"蒙版 1"选项中的"蒙版路径"选项插入关键帧,如图 4-47 所示。

图 4-46   图 4-47

05. 按快捷键 U,在"菜单背景"图层下方只显示添加了关键帧的属性,如图 4-48 所示。使用"添加'顶点'工具",在蒙版形状右侧边缘的中间位置单击添加锚点,并使用"转换'顶点'工具"单击所添加的锚点,在垂直方向上拖动鼠标,显示该锚点方向线,如图 4-49 所示。

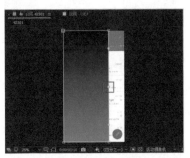

图 4-48   图 4-49

06. 将"时间指示器"移至起始位置,选择"蒙版 1"选项,在"合成"窗口中使用"选取工具"调整该蒙版图形到合适的大小和位置,如图 4-50 所示。将"时间指示器"移至 0:00:01:00 位置,在"合成"窗口中使用"选取工具"调整该蒙版图形到合适的大小和位置,如图 4-51 所示。

图 4-50   图 4-51

07. 同时选中该图层中 3 个关键帧,按快捷键 F9,为所选中的关键帧应用"缓动"效果,如图 4-52 所示。

图 4-52

08. 单击"时间轴"面板上的"图表编辑器"按钮 ▣,进入图表编辑器状态,如图 4-53 所示。单击右侧运动曲线锚点，拖动方向线调整运动速度曲线，如图 4-54 所示。

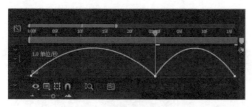 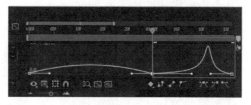

图 4-53　　　　　　　　　　　　　　　　　图 4-54

09. 再次单击 "图表编辑器" 按钮 █，返回默认状态。选择 "菜单选项" 图层，显示该图层，将 "时间指示器" 移至 0:00:01:18 位置，为该图层的 "位置" 和 "不透明度" 属性插入关键帧，如图 4-55 所示。"合成" 窗口中的效果如图 4-56 所示。

图 4-55　　　　　　　　　　　　　　　　　图 4-56

10. 按快捷键 U，在 "菜单选项" 图层下方只显示添加了关键帧的属性。将 "时间指示器" 移至 0:00:01:00 位置，在 "合成" 窗口中将该图层内容向左移至合适的位置，并设置其 "不透明度" 属性为 0%，如图 4-57 所示。同时选中该图层中 4 个关键帧，按快捷键 F9，为所选中的关键帧应用 "缓动" 效果，如图 4-58 所示。

图 4-57　　　　　　　　　　　　　　　　　图 4-58

11. 执行 "图层 > 新建 > 纯色" 命令，新建一个黑色的纯色图层，将该图层移至 "背景" 图层上方，如图 4-59 所示。将 "时间指示器" 移至 0:00:01:00 位置，为该图层插入 "不透明度" 属性关键帧，并设置该属性值为 0%，如图 4-60 所示。

图 4-59　　　　　　　　　　　　　　　　　图 4-60

12. 将 "时间指示器" 移至 0:00:01:16 位置，设置该图层 "不透明度" 属性值为 50%，如图 4-61 所示。同时选中该图层中两个关键帧，按快捷键 F9，为所选中的关键帧应用 "缓动" 效果，如图 4-62 所示。

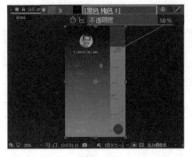

图 4-61   图 4-62

13. 完成该侧边滑入菜单动画的制作后，展开各图层所设置的关键帧，"时间轴"面板如图 4-63 所示。

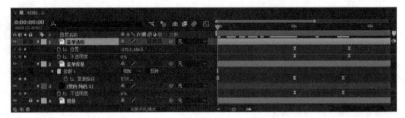

图 4-63

14. 执行"文件 > 保存"命令保存文件。单击"预览"面板上的"播放 / 停止"按钮 ▶，可以在"合成"窗口中预览动画效果。也可以根据前面介绍的渲染输出方法，将该动画渲染输出为视频文件，再使用 Photoshop 将其输出为 GIF 格式的动画，动画效果如图 4-64 所示。

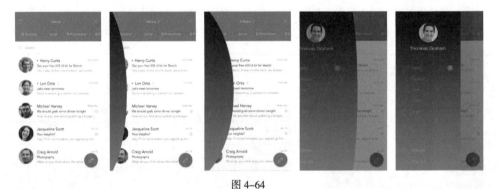

图 4-64

4.3 4 种主流的转场动画效果

转场动画效果是移动端应用最多的动态效果，可以连接两个界面。虽然转场动画效果通常只有零点几秒的时间，却能够在一定程度上影响用户对界面间逻辑的认知。合理的动画效果能让用户更清楚自己从哪里来、现在在哪、怎么回去等一系列问题。初次接触产品，恰当的动画效果使产品界面间的逻辑关系与用户自身建立起来的认知模型相吻合，操作后的反馈符合用户的心理预期。

在移动端应用中常见的主流转场动画效果主要可以分为以下 4 种类型。

4.3.1 弹出

弹出形式的转场动画效果多应用于移动端的信息内容界面，用户将绝大部分注意力集中在内容信息本身上。当信息不足或者展现形式上不符合自身要求时，用户可以临时调用工具对该界面内容进行添加、编辑等操作。用户在临时界面停留时间短暂，只想快速操作后重新回到信息内容本身上面。

如图 4-65 所示，用户在该信息内容界面中进行操作时，如果需要临时调用相应的工具或内容，可以单击该界面右上角的加号按钮，相应的界面会以从底部弹出的形式出现。

图 4-65

在如图 4-66 所示移动端应用界面中，当用户单击界面中的黄色位置图标时，应用会以弹出的动画形式显示相应的信息和功能操作图标。如果用户单击了界面右上角的按钮，应用会以弹出的形式在界面底部显示相应的功能操作选项，当用户操作完成后，该功能操作窗口会逐渐向下隐藏。

图 4-66

还有一种情况类似于侧边导航菜单，这种动画效果并不完全属于页面间的转场切换，但是其使用场景很相似。

当界面中的功能比较多的时候就需要在界面中设计多个功能操作选项或按钮，但是界面空间有限，不可能将这些选项和按钮全部显示在界面中，这时通常的做法就是通过界面中某个按钮来触发一系列的功能或者一系列的次要内容导航，同时主要的信息内容页面并不离开用户视线，始终提醒用户来到该界面的初衷。如图 4-67 所示的 App，主要功能都集中在一个页面上，它从侧面弹出其他页面的导航入口，但这些次要页面也都属于临时调出。

图 4-67

如图 4-68 所示，社交类应用常常需要在各功能界面之间进行跳转，为了扩大界面的空间，通常设计者都会将相应的功能操作选项放置在侧边隐藏的导航菜单中，用户在需要使用的时候，单击界面中相应的按钮，应用从侧边弹出导航菜单选项。

图 4-68

4.3.2　侧滑

当界面之间存在父子关系或从属关系时，通常会在这两个界面之间使用侧滑转场动画效果。通常看到侧滑的界面转场效果，用户就会在头脑中形成树不同层级间的关系。如图 4-69 所示，每条信息的详情界面都属于信息列表界面的子页面，所以它们之间的转场切换通常都会采用侧滑的转场动画方式。

图 4-69

如图 4-70 所示，当用户单击界面中相应的选项时，应用向右侧滑切换到该选项的详细信息页面中，当单击该详细信息界面左上角的返回按钮时，同样以向左侧滑的转场方式切换到主界面中，并且设计者在界面侧滑转场的过程中加入了运动模糊的效果，使转场的动画表现得更加真实。

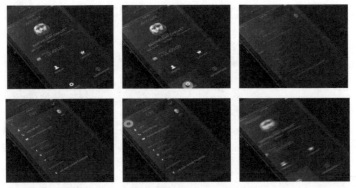

图 4-70

4.3.3　渐变放大

许多应用在界面中排列了很多同等级信息，就如同贴满了信息、照片的墙面，用户有时需要近距离看看上面都是什么内容，在快速浏览和具体查看之间轻松切换。渐变放大的界面切换转场动画与左右滑动切换的转场动画最大的区别是，前者大多用在张贴显示信息的界面中，后者主要用于罗列信息的列表界面中。在张贴信息的界面中左右切换进入详情，总会给人一种不符合心理预期的感觉，违背了人们在物理世界中形成的认知习惯。渐变放大的转场动画效果演示如图 4-71 所示。

图 4-71

如图 4-72 所示，在某移动端的电影列表界面中，当用户单击某个电影图片后，应用通过渐变放大的转场动画切换到该信息的详情界面中。用户在详情界面中单击左上角的返回按钮，同样会以渐变放大的转场动画切换到电影列表界面中。

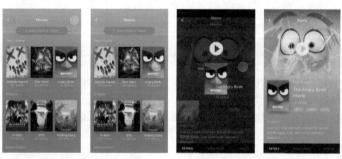

图 4-72

4.3.4　其他

除了以上介绍的几种常见的转场动画外，还有许多其他形式的转场动画效果，它们大多数都是高度模仿物理现实世界的样式，例如常见的电子书翻页动画效果就模仿了现实世界中的翻书效果。图 4-73 所示为一个移动端界面中的图片切换动画效果，模拟了现实生活中图片卡的翻转切换效果，图片在三维空间中的翻转来实现切换，与实现生活中的表现方式相统一，更容易使用户理解。

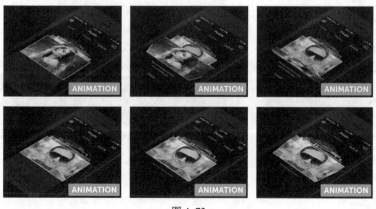

图 4-73

01. 在 Photoshop 中打开一个设计好的 PSD 素材文件"资源包 \ 源文件 \ 第 4 章 \ 素材 \43401.psd"，打开"图层"
面板，可以看到该 PSD 文件中的相关图层，如图 4-74 所示。打开 After Effects，执行"文件 > 导入 > 文件"
命令，在弹出的"导入文件"对话框中选择该 PSD 素材文件，如图 4-75 所示。

图 4-74　　　　　　　　　　　　　　　　　　　图 4-75

02. 单击"导入"按钮，在弹出的对话框按图 4-76 设置各项参数。单击"确定"按钮，导入 PSD 素材自动生
成合成，如图 4-77 所示。

图 4-76　　　　　　　　　　　　　　　　　　　图 4-77

03. 在"项目"面板中的 43401 合成上单击鼠标右键，在弹出菜单中选择"合成设置"选项，程序弹出"合成
设置"对话框，设置"持续时间"为 5 秒，如图 4-78 所示。单击"确定"按钮，完成"合成设置"对话
框的设置。双击 43401 合成，在"合成"窗口中打开该合成，在"时间轴"面板中可以看到该合成中相应
的图层，如图 4-79 所示。

图 4-78　　　　　　　　　　　　　　　　　　　图 4-79

04. 使用"椭圆工具"，设置"填充"为白色，"描边"为白色，"描边"宽度为 20 像素，在"合成"窗口中按住
Shift 键绘制一个正圆形，如图 4-80 所示。在"时间轴"面板中将该图层重命名为"光标"，展开该图层下方"椭
圆 1"选项中的相关属性，分别设置描边的"不透明度"为 20%，填充的"不透明度"为 50%，如图 4-81 所示。

图 4-80　　　　　　　　　　　　　　　图 4-81

05. 在"合成"窗口中选中刚绘制的正圆形，使用"向后平移（锚点）工具"，调整其中心点位于圆心的位置，如图 4-82 所示。选择"光标"图层，按快捷键 S，显示该图层的"缩放"属性，为该属性插入关键帧，设置其属性值为 50%，如图 4-83 所示。

图 4-82　　　　　　　　　　　　　　　图 4-83

06. 将"时间指示器"移至 0:00:00:14 位置，设置"缩放"属性值为 130%，效果如图 4-84 所示。将"时间指示器"移至起始位置，按快捷键 P，显示"位置"属性，插入该属性关键帧，如图 4-85 所示。

图 4-84　　　　　　　　　　　　　　　图 4-85

07. 将"时间指示器"移至 0:00:00:14 位置，在"合成"窗口中将其向左下方移动位置，如图 4-86 所示。将"时间指示器"移至起始位置，按快捷键 T，显示"不透明度"属性，插入该属性关键帧，设置"不透明度"属性值为 0%，按快捷键 U，在该图层下方显示插入关键帧的属性，如图 4-87 所示。

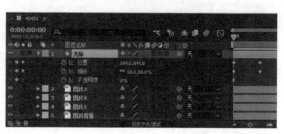

图 4-86　　　　　　　　　　　　　　　图 4-87

08. 将"时间指示器"移至 0:00:00:03 位置，设置"不透明度"属性值为 100%，如图 4-88 所示。将"时间指示器"移至 0:00:00:14 位置，设置"不透明度"属性值为 40%，如图 4-89 所示。

图 4-88   图 4-89

09. 在"时间轴"面板中拖动鼠标同时选中该图层中的所有属性关键帧，如图 4-90 所示。按快捷键 F9，为所选中的关键帧应用"缓动"效果，如图 4-91 所示。

图 4-90   图 4-91

10. 选择"图层 3"图层，执行"效果 > 扭曲 >CC Page Turn"命令，为该图层应用 CC Page Turn 效果，如图 4-92 所示。将"时间指示器"移至起始位置，拖动图片翻页的控制点至起始位置，如图 4-93 所示。

图 4-92   图 4-93

11. 在"效果控件"面板中单击 Fold Position 属性前的"秒表"按钮，为该属性插入关键帧，如图 4-94 所示。选择"图层 3"图层，按快捷键 U，在其下方显示 Fold Position 属性，如图 4-95 所示。

图 4-94   图 4-95

12. 将"时间指示器"移至0:00:00:14位置，在"合成"窗口中拖动图片翻页的控制点至合适的翻页效果位置，如图4-96
　　所示。同时选中该图层的两个属性关键帧，按快捷键F9，为所选中的关键帧应用"缓动"效果，如图4-97所示。

图 4-96　　　　　　　　　　　　　　　　　　图 4-97

13. 将"时间指示器"移至0:00:00:20位置，为"光标"图层和"图片3"图层中的所有属性插入关键帧，如图4-98
　　所示。将"时间指示器"移至0:00:01:10位置，在"时间轴"面板中同时选中多个属性关键帧，按组合键
　　Ctrl+C复制关键帧，如图4-99所示。

图 4-98　　　　　　　　　　　　　　　　　　图 4-99

14. 按组合键 Ctrl+V 粘贴关键帧，可以分别对每个图层中的关键帧进行复制、粘贴操作，如图4-100所示。同
　　时选中"光标"图层的"不透明度"属性的最后两个关键帧，将其向左拖动调整位置，如图4-101所示。

图 4-100　　　　　　　　　　　　　　　　　图 4-101

> **专家提示**
>
> 　　此处通过复制"光标"图层和"图片3"图层初始位置的属性关键帧，将其粘贴到当前位置，并调整了"光标"
> 图层的"不透明度"属性关键帧位置，从而快速制作出该翻页动画的返回效果。

15. 根据前面所制作的光标移动的动画效果，可以在 0:00:01:15 位置至 0:00:02:04 位置之间制作出相似的光标
　　向左移动的动画效果，如图4-102所示。将"时间指示器"移至0:00:01:18位置，单击"图层3"图层的
　　Fold Position 属性前的"在当前时间添加关键帧"按钮，添加该属性关键帧，如图4-103所示。

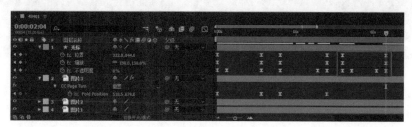

图 4-102

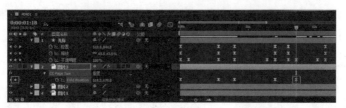

图 4-103

16. 将"时间指示器"移至 0:00:02:04 位置,在"合成"窗口中拖动图片翻页的控制点,将其翻到画面之外,如图 4-104 所示。将"时间指示器"移至 0:00:01:18 位置,选择"图层 2"图层,分别为该图层的"缩放"和"不透明度"属性插入关键帧,按快捷键 U,显示这两个属性,设置"缩放"属性值为 50%,"不透明度"属性值为 0%,如图 4-105 所示。

图 4-104

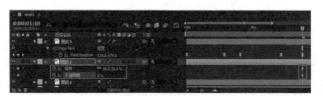

图 4-105

17. 将"时间指示器"移至 0:00:02:04 位置,设置"缩放"属性值为 100%,"不透明度"属性值为 100%,如图 4-106 所示。同时选中该图层中的所有属性关键帧,按快捷键 F9,为所选中的关键帧应用"缓动"效果,如图 4-107 所示。

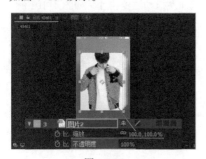

图 4-106

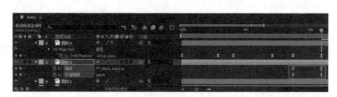

图 4-107

18. 将"时间指示器"移至 0:00:02:14 位置,同时选中"光标"图层中光标移动的动画相关的关键帧,如图 4-108 所示。按组合键 Ctrl+C 复制关键帧,按组合键 Ctrl+V 粘贴关键帧,如图 4-109 所示。这样就快速制作出第 2 张图片翻页的光标动画效果。

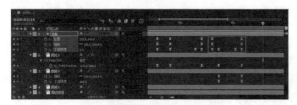

图 4-108

图 4-109

19. 将"时间指示器"移至 0:00:02:17 位置,选中"图片 3"图层中翻页动画的两个关键帧,按组合键 Ctrl+C 复制关键帧,如图 4-110 所示。选择"图片 2"图层,按组合键 Ctrl+V 粘贴关键帧,如图 4-111 所示。这样就快速制作出第 2 张图片翻页动画效果。

图 4-110　　　　　　　　　　　　　　　　图 4-111

20. 同时选中"图片 2"图层中"缩放"和"不透明度"属性关键帧，按组合键 Ctrl+C 复制关键帧，如图 4-112 所示。选择"图片 1"图层，确认"时间指示器"位于 0:00:02:17 位置，按组合键 Ctrl+V 粘贴关键帧，如图 4-113 所示。这样就快速制作出第 1 张图片缩放动画效果。

图 4-112　　　　　　　　　　　　　　　　图 4-113

21. 使用相同的复制关键帧的做法，可以制作出"图片 1"图层翻页的动画效果，"时间轴"面板如图 4-114 所示。

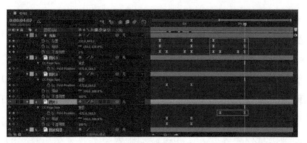

图 4-114

专家提示

　　因为其他两张图片的翻页动画效果与第 1 张图片的翻页动画效果完全相同，所以这里采用了复制关键帧的做法，这样可以快速制作出其他两张图片的翻页动画效果。需要注意的是，其他两张图片的翻页动画并不需要像第 1 张图片开始时的翻一下再回来，而是直接进行翻页，所以只需要复制直接翻页的关键帧动画即可。

22. 执行"文件 > 保存"按钮保存文件。单击"预览"面板上的"播放 / 停止"按钮▶，可以在"合成"窗口中预览动画效果。也可以根据前面介绍的渲染输出方法，将该动画渲染输出为视频文件，再使用 Photoshop 将其输出为 GIF 格式的动画，动画效果如图 4-115 所示。

图 4-115

图 4-115（续）

4.4 转场动画设计规范

转场动画效果在 UI 界面中所起到的作用无疑是显著的。相比于静态的界面，动态的转场效果更符合人们的自然认知体系，有效地降低了用户的认知负载。屏幕上元素的变化过程，前后界面的变化逻辑，以及层次结构之间的变化关系，都在动画效果的表现下，变得更加清晰、自然。从这个角度上来说，动画效果不仅是界面的重要支持元素，也是用户交互的基础。

4.4.1 转场要自然

在现实生活中，事物不会突然出现或者突然消失，通常它们都会有一个转变的过程。而在 UI 界面中，默认情况下，界面状态的改变是直接而且生硬的，这使用户有时候很难立刻理解。当界面有两个甚至更多状态的时候，状态之间的变化可以使用过渡动画效果来表现，让用户明白它们是怎么来的，而非一个瞬间的过程。

如图 4-116 所示，在信息列表界面中单击某个信息选项，应用从界面底部以弹出窗口的动画形式过渡切换到该信息的详细显示界面中，并且该界面是以弹出窗口的形式进行表现的。用户还可以在该弹出窗口上单击并拖动，以翻页动画的形式切换到其他相应的内容。单击该弹出窗口顶部的关闭按钮，该弹出窗口以动画的形式向下过渡隐藏，返回到信息列表界面，这些过渡动画效果都是来源于真实的世界，所以用户在使用过程中能够轻易理解。

图 4-116

4.4.2 层次要分明

一个层次分明的转场动画效果通常能够清晰地展示界面状态的变化，抓住用户的注意力。这一点和人们的意识有关系，用户对焦点的关注和持续性都与此相关。良好的过渡动画效果有助于在正确的时间点，将用户的注意力到吸引到关键的内容上，而这取决于动画效果是否能够在正确的时间强调对的内容。

如图 4-117 所示，圆形的悬浮按钮通过动画效果变化扩展为 3 个功能操作按钮图标。用户在动画效果发生之前，并不清楚动画效果变化的结果，但是动画的运动趋势和变化趋势让用户对后续的发展有了预期，其后产生的结果也不会距离预期太远。与此同时，红色的按钮在视觉上也有足够吸引力，整个动画效果有助于引导用户进行下一步的交互操作。

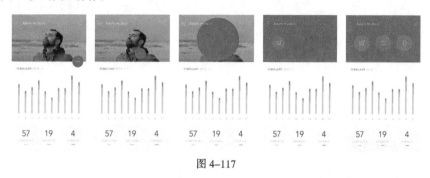

图 4-117

4.4.3 转场要相互关联

既然同一个应用中不同功能界面的转场过渡，自然就牵涉变化前后界面之间的关联。良好的转场过渡动画效果连接着新出现的界面元素和之前的交互与触发元素，这种关联逻辑让用户清楚变化的过程，以及界面中所发生的前后变化。图 4-118 所示为一个移动端录音软件界面的转场过渡动画效果，当用户单击录音列表底部的红色录音按钮图标时，该图标的红色逐渐放大覆盖整个界面，该按钮图标也变成白色的暂停按钮，从而自然、流畅地转场过渡到录音界面中，并且很好地体现了界面之间的关联性，无论是配色还是界面中功能图标的操作位置，都保持了一致性。

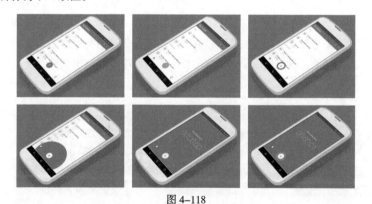

图 4-118

4.4.4 转场要快速过渡

在设计过渡动画效果的时候，时间和速度一定是最需要设计师把握好的因素。快速准确，绝不拖沓，这样的动画效果不会浪费用户的时间，让人觉得移动应用程序产生了延迟，不会令用户觉得烦躁。

当元素在不同状态之间切换的时候，运动过程在让人看得清、容易理解的情况下尽量快，这才是最佳的状态。为了兼顾动效的效率、理解的便捷及用户体验，动效应该在用户触发之后的 0.1 秒内开始，在 0.3 秒内结束，这样不会浪费用户的时间，还恰到好处。

图 4-119 所示为一个移动端应用加速的界面动画设计，当用户单击界面中的按钮后，界面中通过动画的形式来表现当前的应用加速过程，动画采用了先慢后快的处理方式，先是围绕火箭图标由慢到快旋转，然后是火箭图像快速地向上运动消失，并且在向上运动过程中还加入了运动模糊，很好地给用户一种"应用的速度提升得飞快"的心理暗示。快速的动画表现，可以使用户感觉应用程序的运行非常迅速、敏捷，从而提升用户的心理体验。

图 4-119

4.4.5 动画效果要清晰

清晰几乎是所有好设计的共通点，对转场动画效果来说也是如此。移动端的动画效果应该是以功能优先、视觉传达为核心的视觉元素，太过复杂的动画效果除了有炫技之嫌，还会让人难于理解，甚至在操作过程中失去方向感，这对用户体验来说绝对是一个退步，而非优化。请务必记住，屏幕上的每一个变化都会让用户注意到，它们都会成为影响用户体验和用户决策的因素，不必要的动态效果会让用户感到混乱。

动画效果应该避免一次呈现过多效果，尤其当动画效果同时存在多重、复杂的变化的时候，会自然地呈现出混乱的态势，少即是多的原则对动态效果同样是适用的。如果某个动画效果的简化能够让整个 UI 更加清晰直观，那么这个修改方案一定是个好主意。当动画效果同时包含形状、大小和位移变化的时候，请务必保持路径的清晰及变化的直观性。

如图 4-120 所示，该界面的转场动画效果设计并没有过多复杂的动画，首先是界面中各元素位置和不透明度变化入场动画效果，当用户在界面中单击某个功能图标后，该图标移动到界面中间位置，并逐渐放大，通过该按钮背景颜色覆盖整个界面，从而完美地过渡到该功能图标的相关操作界面中。整个转场动画的设计中并没有使用过多复杂的特效，只是使用了大小、位置、不透明度等基础属性来表现动画效果，同样实现了简洁、流畅的过渡动画效果。

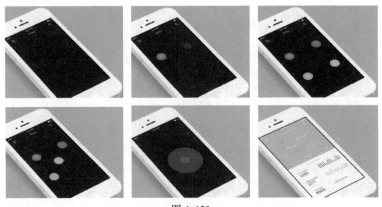

图 4-120

实战	制作滑动删除动画

源文件: 资源包\源文件\第 4 章\4-4-5.aep　　　视频: 资源包\视频\第 4 章\4-4-5.mp4

01. 在 After Effects 中新建一个空白的项目, 执行"合成 > 新建合成"命令, 程序弹出"合成设置"对话框, 按图 4-121 所示设置各项参数。单击"确定"按钮, 新建合成。执行"文件 > 导入 > 文件"命令, 在弹出的对话框中同时选择多个需要导入的素材图像, 如图 4-122 所示。

图 4-121　　　　　　　　　　　　　　图 4-122

02. 单击"导入"按钮, 即可将选中的多个素材同时导入"项目"面板中, 如图 4-123 所示。从"项目"面板中将所导入的素材图像分别拖入"时间轴"面板中, 并在"合成"窗口中对拖入的素材进行排列, 如图 4-124 所示。

图 4-123　　　　　　　　　　　　　　图 4-124

03. 使用"椭圆工具", 在工具栏中设置"填充"为 #7C7C7C, "描边"为无, 在"合成"窗口中按住 Shift 键绘制一个正圆形, 如图 4-125 所示。调整该正圆形的中心点位置, 选中得到的"形状图层 1", 将其重命名为"光标", 按快捷键 T, 显示"不透明度"属性, 设置该属性值为 35%, 如图 4-126 所示。

图 4-125　　　　　　　　　　　　　　图 4-126

04. 将"时间指示器"移至起始位置, 分别为"光标"图层插入"位置"和"缩放"属性关键帧, 按快捷键 U, 只显示添加了关键帧的属性, 并在"合成"窗口中将该正圆形移至合适的位置, 如图 4-127 所示。将"时间指示器"移至 0:00:00:20 位置，在"合成"窗口中将该正圆形移至合适的位置，并且为"缩放"属性添加关键帧，如图 4-128 所示。

图 4-127   图 4-128

专家提示

在"合成"窗口中拖动调整元素的位置后，两个"位置"关键帧之间默认为直线的位置移动路径，可以通过拖动调整路径方向线的方法将默认的直线运动路径修改为曲线运动路径。

05. 将"时间指示器"移至 0:00:00:24 位置，设置"缩放"属性值为 70%，并为"位置"属性插入关键帧，如图 4-129 所示。将"时间指示器"移至 0:00:02:01 位置，在"合成"窗口中将该正圆形向左移动位置，并且为"缩放"属性添加关键帧，如图 4-130 所示。

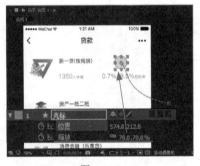
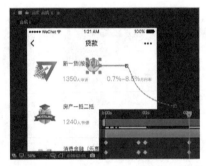

图 4-129   图 4-130

06. 将"时间指示器"移至 0:00:02:07 位置，设置"缩放"属性值为 100%，为"位置"属性插入关键帧，如图 4-131 所示，"时间轴"面板如图 4-132 所示。

图 4-131   图 4-132

07. 不要选中任何元素，使用"矩形工具"，在工具栏中设置"填充"为 #FF0000，"描边"为无，在"合成"窗口中绘制矩形，如图 4-133 所示。将该图层重命名为"删除背景"，使用"横排文字工具"，在"合成"窗口中单击并输入相应的文字，如图 4-134 所示。

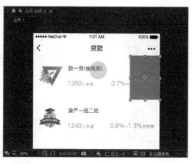
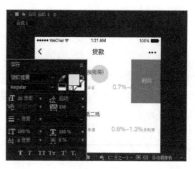

图 4-133　　　　　　　　　　　　　　　图 4-134

08. 在"时间轴"面板中将"删除背景"和"删除"图层同时向下移至"[列表项 1.png]"图层的下方，如图 4-135
　　所示。选择"[列表项 1.png]"图层，将"时间指示器"移至 0:00:00:24 位置，按快捷键 P，显示"位置"属性，
　　插入该属性关键帧，如图 4-136 所示。

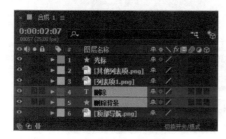

图 4-135　　　　　　　　　　　　　　　图 4-136

09. 将"时间指示器"移至 0:00:01:23 位置，在"合成"窗口中将"[列表项 1.png]"图层内容向左移动，如图 4-137
　　所示。将"时间指示器"移至 0:00:02:01 位置，在"合成"窗口中将"[列表项 1.png]"图层内容向右移动
　　少量位置，如图 4-138 所示。

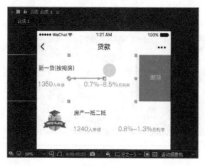
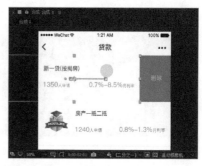

图 4-137　　　　　　　　　　　　　　　图 4-138

专家提示

　　此处所制作的"[列表项 1.png]"图层内容向左移动的动画正好与光标向左移动的动画相一致，从而表现出光标拖
动该选项向左运动的效果。同时制作该图层内容向左移动再向右移动少量位置，模拟出移动回弹的效果，使动画效果
的表现更加真实。

10. 同时选中该图层中的 3 个关键帧，按快捷键 F9，为所选中的关键帧应用"缓动"效果，如图 4-139 所示。
　　接着继续制作光标移至删除文件上并单击的动画效果。选择"光标"图层，将"时间指示器"移至 0:00:03:00
　　位置，在"合成"窗口中将该正圆形移至"删除"文字上方，并且为"缩放"属性添加关键帧，如图 4-140
　　所示。

图 4-139   图 4-140

11. 将"时间指示器"移至 0:00:03:05 位置，设置"缩放"属性值为 70%，如图 4-141 所示。将"时间指示器"移至 0:00:03:10 位置，设置"缩放"属性值为 100%，如图 4-142 所示。

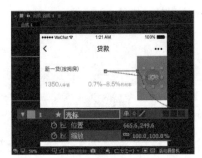

图 4-141   图 4-142

12. 将"时间指示器"移至 0:00:03:20 位置，为"缩放"属性添加关键帧，如图 4-143 所示。按下来需要制作单击"删除"文字后，列表项消失及"删除"按钮消失动画。将"时间指示器"移至 0:00:03:13 位置，选择"[列表项 1.png]"图层，按快捷键 T，显示"不透明度"属性，为该属性插入关键帧，如图 4-144 所示。

图 4-143

图 4-144

13. 将"时间指示器"移至 0:00:03:20 位置，设置"不透明度"属性值为 0%，如图 4-145 所示。使用相同的制作方法，可以在"删除背景"图层的 0:00:03:13 位置与 0:00:03:20 位置之间制作出该"不透明度"属性值从 100% 至 0% 的动画效果，"时间轴"面板如图 4-146 所示。

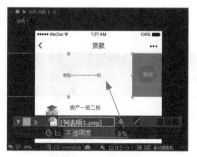

图 4-145　　　　　　　　　　　　　　　　　　　图 4-146

14. 当"[列表项 1.png]"删除消失后，下面的列表项应该向上移至相应的位置。将"时间指示器"移至 0:00:03:13 位置，选择"[其他列表项 .png]"图层，按快捷键 P，显示"位置"属性，为该属性插入关键帧，如图 4-147 所示。将"时间指示器"移至 0:00:03:20 位置，在"合成"窗口中将该图层内容向上移至合适的位置，如图 4-148 所示。

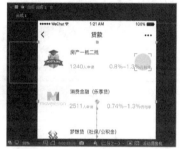

图 4-147　　　　　　　　　　　　　　　　　　　图 4-148

15. 接下来需要制作刷新列表的动画效果，首先制作光标下拉的动画。将"时间指示器"移至 0:00:04:05 位置，选择"光标"图层，在"合成"窗口中将该正圆形移至合适位置，并且为"缩放"属性添加关键帧，如图 4-149 所示。"时间轴"面板如图 4-150 所示。

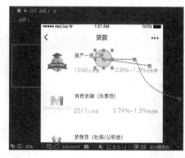

图 4-149　　　　　　　　　　　　　　　　　　　图 4-150

16. 将"时间指示器"移至 0:00:04:07 位置，设置"缩放"属性值为 70%，为"位置"属性插入关键帧，如图 4-151 所示。将"时间指示器"移至 0:00:04:15 位置，在"合成"窗口中将该正圆形向下移动位置，并且为"缩放"属性添加关键帧，如图 4-152 所示。

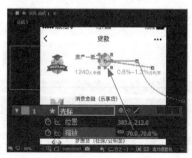

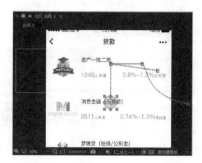

图 4-151　　　　　　　　　　　　　　　　　　　图 4-152

17. 将"时间指示器"移至 0:00:04:21 位置，在"合成"窗口中将该正圆形向上移动少量位置，设置"缩放"

属性值为 100%，如图 4-153 所示。将"时间指示器"移至 0:00:05:15 位置，在"合成"窗口中将该正圆形移出界面区域，如图 4-154 所示。

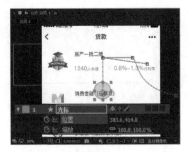
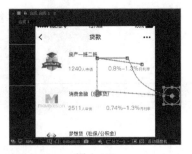

图 4-153   图 4-154

18. 完成光标下拉刷新并移出界面的动画制作，"时间轴"面板如图 4-155 所示。

图 4-155

专家提示

因为所制作的这个动画主要是滑动选项出现"删除"按钮，单击该按钮删除选项后，刷新列表，出现新选项。这里我们制作的是光标下拉刷新列表的动画，该动画制作完成后，光标的动画就结束了，所以最后制作了光标移出界面的动画。

19. 下拉刷新时，列表应该向下移动位置，接下来制作列表向下运动的动画。将"时间指示器"移至 0:00:04:07 位置，选择"[其他列表项 .png]"图层，为"位置"属性添加关键帧，如图 4-156 所示。将"时间指示器"移至 0:00:04:15 位置，在"合成"窗口中将该图层内容向下移至合适的位置，如图 4-157 所示。

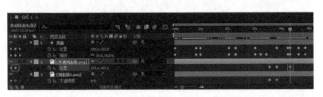

图 4-156   图 4-157

20. 将"时间指示器"移至 0:00:04:21 位置，在"合成"窗口中将该图层内容向上移动少量位置，如图 4-158 所示。将"时间指示器"移至 0:00:05:06 位置，为"位置"属性添加关键帧，如图 4-159 所示。

图 4-158   图 4-159

21. 当人们向下拉动进行界面刷新时，应用通常会通过缓存图标动画的方式表现刷新过程。在"项目"面板中将"缓存 .png"素材拖入"合成"窗口中，调整到合适的位置，如图 4-160 所示。将"时间指示器"移至 0:00:04:10 位置，将"[缓存 .png]"图层移至"[列表项 1.png]"图层下方，按快捷键 R，显示"旋转"属性，插入该属性关键帧，如图 4-161 所示。

图 4-160　　　　　　　　　　　　　　　　　图 4-161

22. 将"时间指示器"移至 0:00:04:15 位置，设置"旋转"属性值为 –1x，如图 4-162 所示。将"时间指示器"移至 0:00:05:10 位置，设置"旋转"属性值为 2x，如图 4-163 所示。

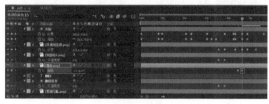
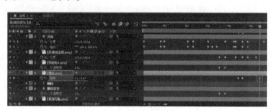

图 4-162　　　　　　　　　　　　　　　　　图 4-163

23. 界面刷新后会出现新的列表项，这里还是以"[列表项 1.png]"作为替代，制作该列表项出现的动画效果。在"项目"面板中将"列表项 1.png"素材拖入"合成"窗口中，调整到合适的位置，如图 4-164 所示。在"时间轴"面板中将该图层重命名为"新列表项"，将其调整至"[其他列表项 .png]"图层下方，并将该图层的入点调整到 0:00:05:10 位置，如图 4-165 所示。

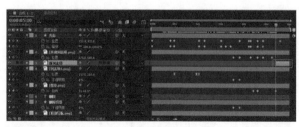

图 4-164　　　　　　　　　　　　　　　　　图 4-165

24. 选择"[其他列表项 .png]"图层，确认"时间指示器"位于 0:00:05:10 位置，为"位置"属性插入关键帧，如图 4-166 所示。将"时间指示器"移至 0:00:05:15 位置，在"合成"窗口中将该图层内容向下移至合适的位置，如图 4-167 所示。

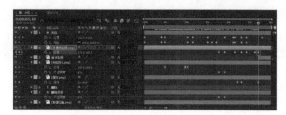

图 4-166　　　　　　　　　　　　　　　　　图 4-167

25. 至此已经完成了界面中选项滑动删除和界面刷新动画的制作，最后需要为每个图层中的关键帧都应用"缓动"效果，如图 4-168 所示。

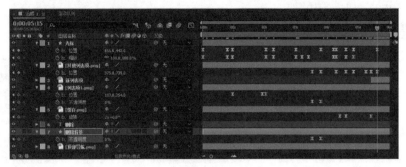

图 4-168

26. 执行"文件 > 保存"命令保存文件。单击"预览"面板上的"播放 / 停止"按钮 ▶，可以在"合成"窗口中预览动画效果。也可以根据前面介绍的渲染输出方法，将该动画渲染输出为视频文件，再使用 Photoshop 将其输出为 GIF 格式的动画，动画效果如图 4-169 所示。

图 4-169

4.5 本章小结

过渡动画效果始终是围绕着用户交互和界面元素而存在的，无论在界面中需要呈现的是什么样的动画效果，都需要服务于所要表现的功能，然后才是渲染界面的氛围和感染用户情绪。本章详细向读者介绍了移动 UI 转场动画的设计表现方法，并详细讲解了实例的制作过程。通过本章的学习，读者能够掌握转场交互动画的制作方法，从而将理论与实践相结合。

第5章 移动 UI 界面交互动画设计

真正的情感化设计需要设计师设计出精美的 UI 界面、整理出清晰的交互逻辑、通过动画效果引导用户、把漂亮的界面设计衔接起来。UI 界面中交互动画的设计并不是为了娱乐用户，而是为了让用户理解现在所发生的事情，更有效地说明使用方法。本章将介绍有关移动 UI 界面交互动画设计的相关知识，并详细讲解案例的制作过程，使读者掌握动画的制作方法。

◎ 本章知识点

● 理解引导界面动画设计的相关知识。　　● 掌握引导界面动画的制作方法。

● 了解加载动画的常见表现形式。　　　　● 掌握界面加载动画的制作方法。

● 理解 UI 界面交互动画设计规范。　　　　● 理解动画设计的作用与常见效果。

● 掌握 UI 界面交互动画的制作方法和技巧。

5.1 引导界面动画设计

设计者都希望自己设计的产品能够为用户提供良好的用户体验。对移动端的应用程序来说，用户对该应用程序的第一印象往往来源于该应用的引导界面。第一印象产生的时间极短，它所带来的影响却长远得多，所以移动端应用的引导界面对用户和产品之间纽带的建立是十分重要的。

5.1.1 引导界面简介

移动端应用软件启动时，在正式进入应用界面之前，会首先通过几个引导界面向用户介绍该款移动端应用的主要功能与特色。第一印象的好坏极大地影响后续的产品使用体验。人们在尝试新事物的过程中会产生紧张与不安，引导界面的作用就是短时间内让用户对这款产品有一个大概的了解，缓解其焦虑与不安，让用户更快地进入使用环境。

图 5-1 所示为某移动端应用程序的引导界面设计，通过其卡通形象与简洁的介绍文字相结合，很好地说明了应用程序的主要功能和特点。用户在界面中左右滑动时，应用会以动画的形式切换过渡到另一个引导界面中，动画表现效果流畅而自然，增强了应用的趣味性。

图 5-1

5.1.2 引导界面的 3 个基本功能

无论是简单的还是复杂的引导界面都必须拥有 3 个基本功能，即问候、传递信息和提升参与度。

1．问候

引导界面的作用相当于向用户进行自我介绍和
问候，当然问候并不是简单的在界面中写一个"您
好"或"Hi"，有的时候一个卡通形象或者简短的
问候语，也能够向用户传递问候，当然如果能够通
过合适的动画效果进行表现，就更完美了。图 5-2
所示为某旅行类应用程序的引导界面设计，使用精
彩的旅行摄影图片作为引导界面的背景，搭配简洁
的 Logo 和具有煽动性的文案，并且使用简洁的动画
形式进行呈现，勾起用户对旅行的向往。

图 5-2

2．传递信息

传递信息是引导界面对用户来说最重要的功能之一。优秀的引导界面设计会使用户浏览后会对这款应用
程序的核心功能有一个大致的了解。此外引导界面要起到操作说明书的作用，告诉用户如何快速上手操作，
这会降低用户首次使用时的学习负担。

当然，用户对引导界面更多的是一瞥而过，不
会投入过多的精力。短时间内用户能够从引导界面
中获取的信息是极其有限的，这就意味着设计师必
须对引导界面的内容做一个优先级筛选，只有真正
重要的内容才能被放到引导界面中。如图 5-3 所示，
某移动应用程序的引导界面采用了统一的卡通插画
设计风格，圆形的插画图片搭配简单明了的说明文
字，很好地向用户介绍了该移动应用程序的突出特
点与内容。

图 5-3

3．提升参与度

设计者要建立用户对产品的依赖度。引导界面
通过展示产品的特点和功能，使用户在心中对产品
建立一个高期望值，而这个高期望值会抵消用户首
次使用时可能出现的负面情绪，保障用户不会在短
时间内把应用卸载。另外出色的引导界面会极大地
提升新用户对产品的好感。

图 5-4 所示为某移动应用程序改版后的引导界
面设计，使用该 App 应用主要的界面截图作为引导

图 5-4

界面的背景，搭配手绘风格的操作说明，很好地向用户介绍了相应界面的操作方法和技巧，非常直观，有效
地提升了用户的参与度。

5.1.3 引导界面的设计要素

不同的移动应用程序有着不同的核心功能和目标用户群体，其引导界面的框架与内容也是不一样的。但
是每一款移动应用程序的用户体验立足点（用户需求、用户期望、产品性质、经营目标）是相同的。引导界
面作为用户使用应用程序的出发点，设计目标是以一种动态的、易懂的和有吸引力的方式告诉用户这款应用

程序的基本信息。

移动端应用程序的引导界面通常包含 3~5 个界面，每个界面中的设计元素主要包括图片、文字和动画。

1．图片

无论是拍摄的照片还是手绘的插画都可以完成向用户传递信息的功能，并且人们对图片的感知速度比文字快，所以在引导界面中合理使用图片能够帮助用户在短时间内快速获取信息。引导界面对插画的要求不是很高，简单的图标类插画也同样能够获得很好的效果，并且插画对年轻用户群体有着巨大的吸引力。如图 5-5 所示，在某应用引导界面的设计中，设计者使用统一的卡通形象来设计表现不同内容的卡通插画，结合各界面中简洁的说明文字，很好地表现出该应用程序的功能与特点，并且卡通插画的设计形式，给人感觉活跃而富有趣味性。

图 5-5

2．文字

引导界面中的文字要足够地简明扼要，尽量短小精悍，降低用户的阅读时间，因为用户不会在引导界面上花费很多时间，他们不可能一字一句去读。

如图 5-6 所示，设计者通过引导界面来介绍应用最新的活动信息，从而引起用户的关注。这一组引导界面使用不同的主题背景色进行区别，采用相

图 5-6

同的设计风格，并且每个界面中精简了最关键的说明文字，并使用大号字体表现，使引导界面之间既能够保持统一的风格，又能够相互区别，突出表现各界面中的信息内容。

3．动画

虽然用户对引导界面不会给予过多的注意力，但是这并不意味着设计者可以降低对引导界面的视觉审美要求。动画的应用可以给引导界面注入生命力，增加界面活力，有趣的动画可以很好地娱乐用户，这会提升他们对这款移动应用程序的期望值。引导界面中有些信息是比较重要的，采用动画可以将用户的注意力吸引过来，但是动画另一方面意味着更多的加载负担及更长的等待时间。所以对动画的应用，设计者应该和开发进行深入的沟通，务必达到最优的实现效果。

图 5-7 所示为一个采用了卡通插画设计风格的引导界面设计，界面设计非常简单，只有卡通形象和简单的文字介绍内容，但是设计者在界面中为卡通形象设计了简单的动画效果，使卡通形象的表现效果非常活跃，有效地提高了引导界面的吸引力。

图 5-7

专家提示

另外，还需要考虑是否需要在引导界面中添加让用户跳过引导界面的选项，因为不是每个用户都愿意看到引导界面，即使是第一次使用的新用户。当然是否给用户提供跳过引导界面的选项，需要对目标用户群体进行详细的调查和分析。

实战 制作引导界面动画

源文件：资源包\源文件\第 5 章\5-1-3.aep　　　视频：资源包\视频\第 5 章\5-1-3.mp4

01. 在 Photoshop 中打开一个设计好的 PSD 素材文件"资源包\源文件\第 5 章\素材\引导页 1.psd"，打开"图层"面板，可以看到该 PSD 文件中的相关图层，如图 5-8 所示。打开 After Effects，执行"文件 > 导入 > 文件"命令，在弹出的"导入文件"对话框中选择该 PSD 素材文件，如图 5-9 所示。

图 5-8　　　　　　　　　　　　　　　　　图 5-9

02. 单击"导入"按钮，在弹出的对话框中按图 5-10 所示设置各项参数。单击"确定"按钮，导入 PSD 素材自动生成合成，如图 5-11 所示。

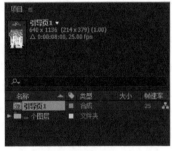

图 5-10　　　　　　　　　　　　　　　　　图 5-11

03. 执行"文件 > 导入 > 文件"命令，在弹出的"导入文件"对话框中同时选择"引导页 2.jpg"和"引导页 3.jpg"素材图像，如图 5-12 所示。单击"导入"按钮，将所选择的两个素材图像导入"项目"面板中，如图 5-13 所示。

图 5-12　　　　　　　　　　　　　　　　　图 5-13

04. 在"项目"面板中的"引导页 1"合成上单击鼠标右键，在弹出菜单中选择"合成设置"选项，程序弹出"合成设置"窗口，设置"持续时间"为 8 秒，如图 5-14 所示。单击"确定"按钮，完成"合成设置"对话框的设置，双击"引导页 1"合成，在"合成"窗口中打开该合成，在"时间轴"面板中可以看到该合成中相应的图层，如图 5-15 所示。

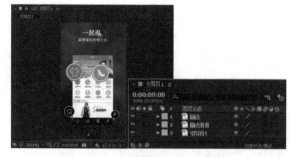

图 5-14　　　　　　　　　　　　　　　图 5-15

05. 选择"引导页 1"图层，按快捷键 P，显示该图层的"位置"属性，确认"时间指示器"位于起始位置，插入"位置"属性关键帧，如图 5-16 所示。将"时间指示器"移至 0:00:01:00 位置，在"合成"窗口中将该素材向左水平移至合适的位置，如图 5-17 所示。

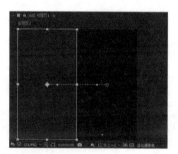

图 5-16　　　　　　　　　　　　　　　图 5-17

06. 同时选中该图层的两个关键帧，按快捷键 F9，为所选中的关键帧应用"缓动"效果，如图 5-18 所示。单击"时间轴"面板上的"图表编辑器"按钮，进入图表编辑器状态，如图 5-19 所示。

图 5-18　　　　　　　　　　　　　　　图 5-19

07. 单击运动曲线左侧锚点，拖动方向线调整运动速度曲线，如图 5-20 所示。再次单击"图表编辑器"按钮，返回默认状态。将"时间指示器"移至起始位置，在"项目"面板中将"引导页 2.jpg"素材图像拖入"合成"窗口中，调整到合适的位置，如图 5-21 所示。

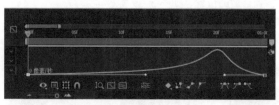

图 5-20　　　　　　　　　　　　　　　图 5-21

专家提示

此处对该元素的运动曲线进行调整，从而使该元素向左移动的动画能够实现先慢后快的效果。

08. 将"[引导页 2.png]"图层移至"引导页 1"图层的上方，按快捷键 P，显示该图层的"位置"属性，插入"位置"属性关键帧，如图 5-22 所示。将"时间指示器"移至 0:00:01:00 位置，在"合成"窗口中将该素材向左水平移至合适的位置，如图 5-23 所示。

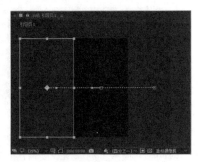

图 5-22   图 5-23

09. 将"时间指示器"移至 0:00:02:00 位置，插入"位置"属性关键帧，如图 5-24 所示。将"时间指示器"移至 0:00:03:00 位置，在"合成"窗口中将该素材向左水平移至合适的位置，如图 5-25 所示。

图 5-24   图 5-25

10. 同时选中该图层的 4 个关键帧，按快捷键 F9，为所选中的关键帧应用"缓动"效果，如图 5-26 所示。单击"时间轴"面板上的"图表编辑器"按钮 ▦，进入图表编辑器状态，如图 5-27 所示。

图 5-26   图 5-27

11. 分别对两条运动曲线左侧锚点进行调整，拖动方向线调整运动速度曲线，如图 5-28 所示。再次单击"图表编辑器"按钮 ▦，返回默认状态。将"时间指示器"移至 0:00:02:00 位置，在"项目"面板中将"[引导页 3.jpg]"素材图像拖入"合成"窗口中，调整到合适的位置，如图 5-29 所示。

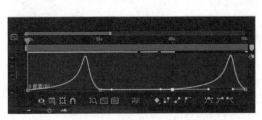
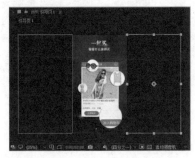

图 5-28   图 5-29

12. 将"[引导页 3.png]"图层移至"[引导页 2.png]"图层的上方，按快捷键 P，显示该图层的"位置"属性，插入"位置"属性关键帧，如图 5-30 所示。将"时间指示器"移至 0:00:03:00 位置，在"合成"窗口中将该素材向左水平移至合适的位置，如图 5-31 所示。

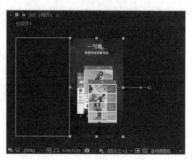

图 5-30　　　　　　　　　　　　　　　　　图 5-31

13. 将"时间指示器"移至 0:00:04:00 位置，插入"位置"属性关键帧，如图 5-32 所示。选择 0:00:02:00 位置的"位置"属性关键帧，按组合键 Ctrl+C 进行复制，将"时间指示器"移至 0:00:05:00 位置，按组合键 Ctrl+V 进行粘贴，如图 5-33 所示。

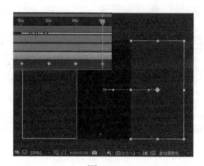

图 5-32　　　　　　　　　　　　　　　　　图 5-33

14. 同时选中该图层的 4 个关键帧，按快捷键 F9，为所选中的关键帧应用"缓动"效果，如图 5-34 所示。单击"时间轴"面板上的"图表编辑器"按钮 ，进入图表编辑器状态，如图 5-35 所示。

图 5-34　　　　　　　　　　　　　　　　　图 5-35

15. 分别对两条运动曲线左侧锚点进行调整，拖动方向线调整运动速度曲线，如图 5-36 所示。再次单击"图表编辑器"按钮 ，返回默认状态。选择"[引导层 2.png]"图层，同时选择该图层中的 4 个关键帧，按组合键 Ctrl+C，复制选中的多个关键帧，如图 5-37 所示。

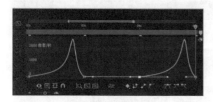

图 5-36　　　　　　　　　　　　　　　　　图 5-37

16. 将"时间指示器"移至 0:00:04:00 位置，按组合键 Ctrl+V，粘贴所复制的多个关键帧，如图 5-38 所示。在复制得到的关键帧上单击鼠标右键，在弹出菜单中执行"关键帧辅助 > 时间反向关键帧"命令，将复制得到的 4 个关键帧进行时间反向。

图 5-38

专家提示

　　在该动画中我们首先制作的是 3 张引导页从右至左进行位置移动切换的动画效果。当第 3 张引导页切换完成后，再从左至右进行位置移动切换，所以此处只需要复制该图层前面所制作的位置移动动画关键帧，然后再将这 4 个关键帧的时间反向，就能够快速制作出向另外一个方向移动的动画效果。

17. 单击"时间轴"面板上的"图表编辑器"按钮，进入图表编辑器状态，如图 5-39 所示。对右侧的两条运动曲线分别进行调整，使它们与左侧两条运动曲线相同，如图 5-40 所示。

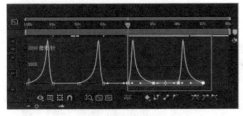
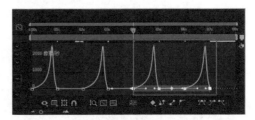

图 5-39　　　　　　　　　　　　　　　图 5-40

18. 再次单击"图表编辑器"按钮，返回默认状态。选择"引导页 1"图层，同时选择该图层中的两个关键帧，按组合键 Ctrl+C，复制选中的多个关键帧，如图 5-41 所示。将"时间指示器"移至 0:00:06:00 位置，按组合键 Ctrl+V，粘贴所复制的多个关键帧，如图 5-42 所示。在复制得到的关键帧上单击鼠标右键，在弹出菜单中执行"关键帧辅助 > 时间反向关键帧"命令，将复制得到的两个关键帧进行时间反向。

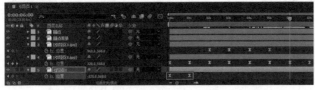
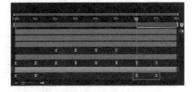

图 5-41　　　　　　　　　　　　　　　图 5-42

19. 单击"时间轴"面板上的"图表编辑器"按钮，进入图表编辑器状态，如图 5-43 所示。对右侧的运动曲线进行调整，使其左侧运动曲线相同，如图 5-44 所示。

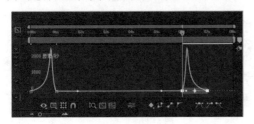
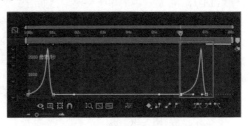

图 5-43　　　　　　　　　　　　　　　图 5-44

20. 再次单击"图表编辑器"按钮 ⬚，返回默认状态。至此已经完成 3 张引导界面图片移动切换的动画制作。选择"圆点"图层，根据前面的制作方法，完成该图层中白色小圆点左右移动动画的制作，"时间轴"面板如图 5-45 所示。

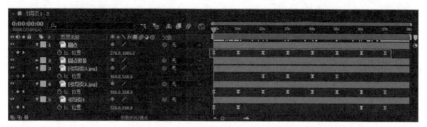

图 5-45

21. 执行"文件 > 保存"命令保存文件。单击"预览"面板上的"播放 / 停止"按钮 ▶，可以在"合成"窗口中预览动画效果。也可以根据前面介绍的渲染输出方法，将该动画渲染输出为视频文件，再使用 Photoshop 将其输出为 GIF 格式的动画，动画效果如图 5-46 所示。

图 5-46

5.2　加载界面动画设计

设计者在进行 UI 设计时越来越注重细节，在应用程序中几乎随处使用等待和加载动画。加载动画效果几乎是目前网站和移动应用设计都无法绕过且必需的组成部分，它们是打造优秀用户体验的必须组件。

5.2.1　加载动画简介

根据一些抽样调查，浏览者倾向于认为，打开速度较快的移动应用质量更高、更可信，也更有趣。相应地，移动应用打开速度越慢，访问者的心理挫折感越强，就会对移动应用的可信性和质量产生怀疑。在这种情况下，用户会觉得移动应用的后台可能出现了某种错误，因为在很长一段时间内，他没有得到任何提示。同时，缓慢的打开速度会让用户忘了下一步要做什么，不得不重新回忆，这会进一步恶化用户的使用体验。

专家提示

移动应用的打开速度对电子商务类应用尤其重要，页面载入的速度越快，就越容易使访问者变成客户，降低客户选择商品却最终放弃结账的比例。

如果在等待移动应用载入期间，能够向用户显示反馈信息（如一个加载进度动画），那么用户的等待时间会相应延长。如图 5-47 所示，某加载动画效果设计了一个奔跑的卡通斑马形象，非常可爱、有趣。该加载动画效果增强应用程序的趣味性，给用户带来好感。

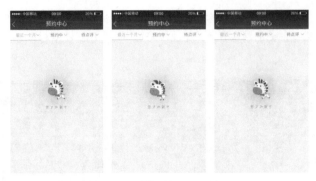

图 5-47

　　虽然目前很多移动应用产品将加载动画作为强化用户第一印象的组件，但是它的实际使用范畴远不止于这一部分。在许多设计项目中，加载动画几乎做到了无处不在：界面切换的时候可以使用，组件加载的时候可以使用，甚至幻灯片切换的时候也同样可以使用。不仅如此，它还可以用承载数据加载的过程，呈现状态改变的过程，填补崩溃或者出错的界面，它们承前启后，将错误和等待转化为令用户愉悦的细节。图 5-48 所示为一个界面列表刷新的加载动画效果。当用户对界面中的列表信息内容进行刷新操作时，界面下方会出现圆形转动的加载动画效果，当新的信息内容加载完成后，该圆形加载动画会自动消失，而新的信息内容将以动画的形式出现在界面上方。加载动画的应用使用户在界面中的操作反馈更加明确。

图 5-48

5.2.2 加载动画的常见表现形式

　　动效设计是大势所趋，加载动画也是其中的重要组成部分，它在用户体验设计中的作用是不可估量的，它让折磨人的等待变成了愉悦的消遣。本节将介绍移动端常见的几种加载动画表现形式。

1．进度条

　　在移动端的加载动画效果中，最常见的表现形式是进度条。第 2 章已经介绍了基础的进度条动画，但是当使用进度条来表现加载动画时，我们还可以采用更加有趣的表现手法。图 5-49 所示的加载动画就采用了传统的进度条的表现方法，但是其在传统的进度条的基础上添加了图形的遮罩动画效果，随着加载进度的变化，进度条上方的卡通房子也会通过遮罩的方式逐渐显示出来，丰富了加载动画的表现效果。

图 5-49

2．旋转

旋转代表时间的流逝。不停循环转动的动画，能够有效吸引注意力，给用户时间加速的错觉。

图 5-50 所示为一个常见的界面信息内容刷新的加载动画效果，当用户在界面中进行下拉刷新时，界面上方会出现一个圆形的旋转加载动画效果，这也是一种基础的圆形加载动画，给用户一种很好的操作反馈。图 5-51 所示为某移动端应用的加载动画效果，很好地将该移动应用的 Logo 与加载动画效果相结合，通过该圆形 Logo 的背景的顺时针旋转动画效果来表现界面的加载，既起到反馈的作用，又能够使用户加深对该应用 Logo 的印象。

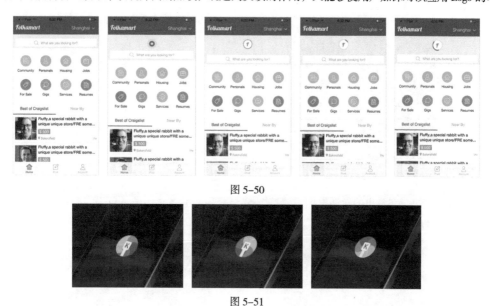

图 5-50

图 5-51

3．形象动画

如果在界面加载过程中设计一个形象的加载动画，能够大大提高产品的亲和力与品牌识别度，用户大多会接受并喜欢这样的形式，一般品牌形象明确的产品会这么做。

图 5-52 所示为一个卡通形象的界面加载动画效果。在该动画的设计过程中，设计者使用一个奔跑的拟人卡通形象来告诉用户：我在很努力地加载，请耐心等待。这样的加载动画效果让人感觉可爱而有趣。如图 5-53 所示，在加载动画的设计中，设计者通过咖啡杯图形的动画设计，非常形象地表现出动态的加载效果，非常适合应用于与咖啡相关的应用。

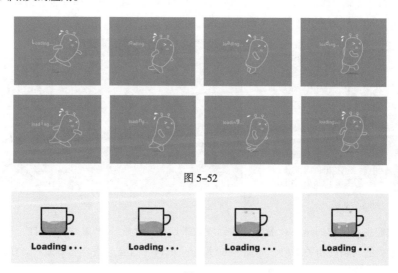

图 5-52

图 5-53

实战 制作火箭加载动画

源文件：资源包 \ 源文件 \ 第 5 章 \5-2-2.aep　　视频：资源包 \ 视频 \ 第 5 章 \5-2-2.mp4

01. 在 Photoshop 中打开一个设计好的 PSD 素材文件"资源包\源文件\第5章\素材\加载界面.psd"，打开"图层"面板，可以看到该 PSD 文件中的相关图层，如图 5-54 所示。打开 After Effects，执行"文件 > 导入 > 文件"命令，在弹出的"导入文件"对话框中选择该 PSD 素材文件，如图 5-55 所示。

图 5-54　　　　　　　　　　　　　　　　图 5-55

02. 单击"导入"按钮，在弹出的对话框中设置按图 5-56 所示设置各项参数。单击"确定"按钮，导入 PSD 素材自动生成合成，如图 5-57 所示。

图 5-56　　　　　　　　　　　　　　　　图 5-57

03. 在"项目"面板中的"加载界面"合成上单击鼠标右键，在弹出菜单中选择"合成设置"选项，弹出"合成设置"窗口，设置"持续时间"为 5 秒，如图 5-58 所示。单击"确定"按钮，完成"合成设置"对话框的设置，双击"加载界面"合成，在"合成"窗口中打开该合成，在"时间轴"面板中可以看到该合成中相应的图层，如图 5-59 所示。

图 5-58　　　　　　　　　　　　　　　　图 5-59

04. 在本实例中我们主要制作的是小火箭部分的动画效果。将"背景""PLEASE WAIT"和"图层 1"锁定，同时选中组成火箭动画的相关图层，如图 5-60 所示。执行"图层 > 预合成"命令，在弹出的"预合成"对话框中按图 5-61 所示设置各项参数。

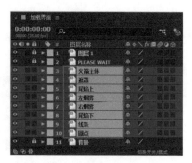

图 5-60 　　　　　　　　　　　　　　图 5-61

05. 单击 "确定" 按钮, 将同时选中的多个图层创建为预合成, 如图 5-62 所示。双击 "时间轴" 面板中的 "火箭动画" 预合成, 进入该合成的编辑界面, 如图 5-63 所示。

图 5-62 　　　　　　　　　　　　　　图 5-63

06. 执行 "图层 > 新建 > 纯色" 命令, 程序弹出 "纯色设置" 对话框, 设置 "颜色" 为 # 2E282C, 如图 5-64 所示。单击 "确定" 按钮, 新建纯色图层, 将其移至所有图层下方, 并将该图层锁定, 如图 5-65 所示。

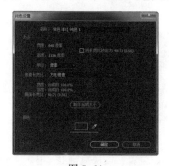

图 5-64 　　　　　　　　　　　　　　图 5-65

07. 选择 "圆点" 图层, 按快捷键 P, 显示 "位置" 属性, 在 "合成" 窗口中将该图层中的内容垂直向上移至合适的位置, 在起始位置插入该属性关键帧, 如图 5-66 所示。将 "时间指示器" 移至 0:00:02:08 位置, 在 "合成" 窗口中将该图层内容垂直向下移至合适的位置, 如图 5-67 所示。

图 5-66 　　　　　　　　　　　　　　图 5-67

08. 同时选中该图层中的两个关键帧，按组合键 Ctrl+C，复制选中的两个关键帧，如图 5-68 所示。将"时间指示器"移至 0:00:02:09 位置，按组合键 Ctrl+V，粘贴所复制的两个关键帧，并将粘贴得到的第 2 个关键帧移至 0:00:04:24 位置，如图 5-69 所示。

图 5-68　　　　　　　　　　　　　　　　　　图 5-69

09. 将"时间指示器"移至起始位置，选择"线条"图层，按快捷键 P，显示"位置"属性，在"合成"窗口中将该图层中的内容垂直向上移至合适的位置，插入该属性关键帧，如图 5-70 所示。将"时间指示器"移至 0:00:04:24 位置，在"合成"窗口中将该图层内容垂直向下移至合适的位置，如图 5-71 所示。

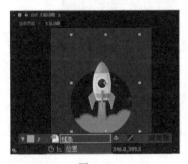 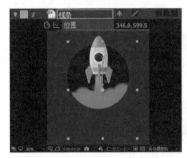

图 5-70　　　　　　　　　　　　　　　　　　图 5-71

10. 完成"圆点"和"线条"图层中动画的制作，在"时间轴"面板中可以看到这两个图层的时间轴效果，如图 5-72 所示。

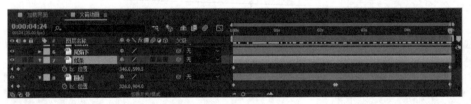

图 5-72

11. 将"遮罩"图层隐藏，选择"右烟雾"图层，将"时间指示器"移至起始位置，按快捷键 R，显示"旋转"属性，设置其属性值为 1x，插入该属性关键帧，如图 5-73 所示。将"时间指示器"移至 0:00:04:24 位置，设置"旋转"属性值为 3x，如图 5-74 所示。

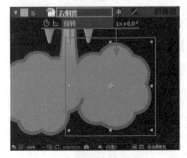 

图 5-73　　　　　　　　　　　　　　　图 5-74

12. 选择"左烟雾"图层，将"时间指示器"移至起始位置，按快捷键 R，显示"旋转"属性，设置其属性值

190

为 –1x，插入该属性关键帧，如图 5-75 所示。将"时间指示器"移至 0:00:04:24 位置，设置"旋转"属性值为 –3x，如图 5-76 所示。

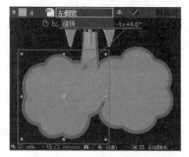

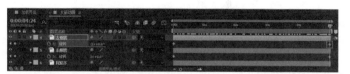

图 5-75　　　　　　　　　　　　　　　　　　　　图 5-76

13. 选择"火箭主体"图层，将"时间指示器"移至起始位置，按快捷键 P，显示"位置"属性，插入该属性关键帧，如图 5-77 所示。将"时间指示器"移至 0:00:01:00 位置，在"合成"窗口中将该图层内容向右移至合适的位置，如图 5-78 所示。

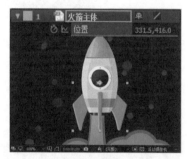

图 5-77　　　　　　　　　　　　　　　　　　　　图 5-78

14. 将"时间指示器"移至 0:00:01:20 位置，在"合成"窗口中将该图层内容向左移至合适的位置，如图 5-79 所示。使用相同的制作方法，可以在该图层不同的时间位置制作出火箭主体左右移动的动画效果，"时间轴"面板如图 5-80 所示。

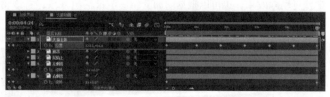

图 5-79　　　　　　　　　　　　　　　　　　　　图 5-80

15. 选择"尾焰上"图层，单击并拖动该图层的"父子关系"图标至"火箭主体"图层（见图 5-81），指定"火箭主体"图层为该图层的父级，如图 5-82 所示。这样该图层中的动画效果会保持与"火箭主体"图层中的一致。

图 5-81	图 5-82

专家提示

除了可以通过拖动图标指向父级图层的方式来指定该图层的父级图层外，还可以在该图层名称右侧的"父级"选项下拉列表中直接选择图层名称，从而指定其父级图层。

16. 显示"遮罩"图层，展开所有添加了属性关键帧的图层，为所有的属性关键帧应用"缓动"效果，如图 5-83 所示。

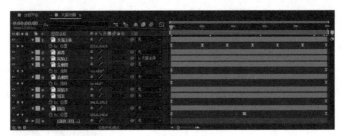

图 5-83

17. 完成"火箭动画"合成中动画的制作，返回"加载界面"合成的编辑状态中，选择"[火箭动画]"图层，按快捷键 R，显示"旋转"属性，设置其属性值为 45°（见图 5-84），使所制作的火箭动画效果在界面中能够以倾斜 45° 的效果显示，如图 5-85 所示。

图 5-84

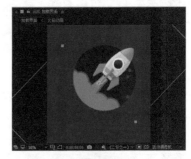

图 5-85

18. 执行"文件 > 保存"命令保存文件。单击"预览"面板上的"播放 / 停止"按钮▶，可以在"合成"窗口中预览动画效果。也可以根据前面介绍的渲染输出方法，将该动画渲染输出为视频文件，再使用 Photoshop 将其输出为 GIF 格式的动画，动画效果如图 5-86 所示。

图 5-86

5.3　UI 界面交互动画设计规范

与其他的 UI 设计分支一样，UI 界面动画设计同样具备完整性和明确的目的性。伴随拟物化设计风潮的告一段落，UI 设计更加自由随心，现如今，UI 交互动画设计已经具备丰富的特性，炫酷灵活的特效已经是 UI 界面设计中不可分割的一部分。

5.3.1　UI 界面动画设计要求

可以认为 UI 界面交互动画设计是新兴的设计领域的分支，如同其他的设计一样，它也是有规律可循的。在我们开始动手设计各种交互动画效果之前，不妨先了解一下 UI 界面交互动画效果的设计要求。

1．富有个性

这是 UI 界面动画设计最基本的要求，UI 动画设计就是要摆脱传统应用的静态设定，设计独特的动画效果，创造引人入胜的效果。

在确保 UI 界面风格的一致性的前提下，表达出 App 的鲜明个性，就是 UI 动画设计"个性化"要做的事情。同时，还应该令该动画效果的细节符合那些约定俗成的交互规则，这样动画就具备了"可预期性"。如此一来，UI 动画设计便有助于强化用户的交互经验，保持移动应用的用户黏度。在图 5-87 所示的某餐饮 App 界面的设计中，在各界面之间的转场切换都使用了放大、缩小的动画转场过渡效果，界面之间的关联性较强，并且整个 App 应用中的界面切换方式统一，该转场过渡动画中还加入了弹性效果的应用，这些都使界面动画的表现更加富有个性。

图 5-87

2．为用户提供操作导向

UI 界面中的动画效果应该令用户轻松愉悦，设计师需要将屏幕视作一个物理空间，将 UI 元素看作物理实体，它们能在这个物理空间中打开、关闭，任意移动、完全展开或者聚焦为一点。动画效果应该随动作移动而自然变化，为用户做出应有的引导，不论是在动作发生前、过程中还是动作完成以后。UI 动画就应该如同导游一样，为用户指引方向，防止用户感到无聊，减少额外的图形化说明。

在图 5-88 所示界面的工具图标弹出动画设计中，设计者使用了界面背景变暗和图标元素惯性弹出相结合的动画效果，有效地创造出界面的视觉焦点，使用户的注意力被吸引到弹出的 3 个彩色的功能操作图标上，引导用户操作。在图 5-89 所示界面的动画设计中，当用户在导航主界面中点击某个

图 5-88

选项后，该选项会自动展开充满整个界面，然后通过一个优雅的展开动画效果过渡到相关操作选项界面，无论是色彩还是界面的切换顺序都表现出明显的层次感。

3．为内容赋予动态背景

动画效果应该为内容赋予背景，通过背景来表现内容的物理状态和所处环境。在摆脱模拟物品细节和纹理的设计束缚之后，UI 界面设计甚至可以自由地表现与环境设定矛盾的动态效果。为对象添加拉伸、形变的效果，或者为列表添加俏皮的惯性滚动都不失为增加 UI 界面用户体验的有效手段。

如图 5-90 所示，在与日期相应的应用界面设计中，使用不同的背景颜色表现当前日期和未来的日期，当用户在界面中向下拖动时，应用以拉伸的圆点表现拖动效果，并且在界面上方使用不同的背景颜色来表现以前的日期信息，从而有效地区分界面中不同的信息内容。在图 5-91 所示导航界面的设计中，设计者使用不同的背景颜色搭配简洁的图标表现各功能导航选项，当用户在界面中进行上下滑动操作时，各导航选项的背景表现为惯性的弧状效果，给人一种富有趣味性的印象。

4．引起用户共鸣

UI 界面中所设计的动画效果应该具有直觉性和共鸣性。UI 动画的目的是与用户互动，并产生共鸣，而非令用户困惑甚至感到意外。UI 动画和用户操作之间的关系应该是互补的，两者共同促成交互的完成。

如图 5-92 所示，各功能选项都使用了不同的背景图片作为背景，当用户在界面中点击某个选项后，该选项会逐渐放大并过渡到高亮的显示状态，有效与其他选项进行区别表现，提升用户的操作体验。如图 5-93 所示，某移动 App 应用界面设计了符合用户直觉性的界面切换过渡动画效果。在列表界面中，每个列表项的右侧都有一个"右向"的箭头图标，当点击某个列表项时，应用采用符合用户预期的向左滑动，切换到相应的界面中，该界面右上角则显示了"左向"的箭头图标，暗示点击返回上级界面。

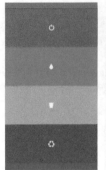

图 5-89

图 5-90

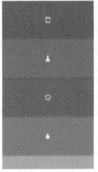
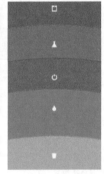
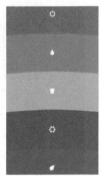

图 5-91

图 5-92

图 5-93

5．提升用户情感体验

出色的 UI 界面动画是能够唤起用户积极的情绪反应的，平滑流畅的滚动能带来舒适感，而有效的动作执行往往能带来令人兴奋的愉悦和快感。在图 5-94 所示音乐 App 界面的设计中，界面的动画过渡效果非常流畅。当用户在音乐列表界面中单击右上角的播放按钮时，该按钮首先会以动画的方式变换为暂停按钮，接着播放列表选项向下逐渐消失，与此同时，界面上方图片及暂停按钮会自然地过渡到界面中间位置并变换为圆形图片，从而流畅地切换到音乐播放界面中，平滑的切换过渡给用户带来流畅感，有效提升用户体验。

图 5-94

> **专家提示**
>
> UI 界面中的动画效果是用来保持用户的关注点、引导用户操作的，不要为了动画而强硬地在界面中添加动画效果。在 UI 界面中滥用动画会让用户分心，过度表现和过多的转场动画会令用户烦躁，所以我们还需要把握好动画在 UI 界面中的平衡。

5.3.2　使用动画提升 UI 界面用户体验

在用户体验中，我们总是强调"以人为本"。我们所设计的应用应该使用日常用语（包括情绪、口语），界面应该成为用户的好朋友，在 UI 界面中加入恰当的动画效果，表达当前的操作反馈和状态，无论背景的逻辑多么复杂，都能够使界面更加亲切。

1．显示系统状态

当用户在界面中进行操作时，总是希望能够马上获得回复，因此让用户知晓当前发生了什么相当重要，例如在用户进行操作时，在界面中显示图形、反映完成百分比、播放声音等，都会让用户了解当前发生的事情。

这个原则也关系到文件传输。要想不让用户觉得无聊，需要为用户提供文件传输的进度显示，即使是不太令人愉快的通知（如传输失败），也应该以令人喜爱的方式展现。

如图 5-95 所示，当用户在界面中进行上传文件操作时，上传图标会以动画的形式转换成上传进度的效果，并动态显示当前的上传进度。当上传完成后，同样以动画的形式将该上传图标转换成上传完成的图标，并给出文字提示，给用户在不同状态下的提醒，非常直观。

图 5-95

2．突出显示变化

图标状态的切换是界面中常见的一种表示状态变化的方式，通过动画的形式来表现按钮状态的变化，能够有效吸引用户的注意力，不至于忽略界面中重要的信息。例如最常见的"播放"按钮状态的变化，当用户点击后会变换为"暂停"按钮，通过动画的形式表现更容易吸引用户。在图 5-96 所示界面中，各信息选项以静态方式呈现，选项右侧会以白色背景来突出表现未读信息，当用户收到新的未读信息时，应用会以动画的形式来突出表现，很好地吸引了用户的注意力。

图 5-96

3．保持前后关联

智能移动设备的屏幕尺寸有限，很难在屏幕中同时展现大量的信息内容，这时候就需要为移动应用设计一种处理方式，在不同的界面之间保持清晰的导航，让用户理解该界面从何而来，与之前的界面有什么关联，如何返回之前的界面中，这样才能够使用户的操作更加得心应手。如图 5-97 所示，当用户在界面中点击某个选项后，界面中各选项将以展开的形式非常自然地过渡到相应的界面中，而在该界面中用户又可以通过点击界面右上角的"关闭"图标来返回上级界面，当用户单击该图标时，界面采用了收缩的形式逐渐过渡到上级界面，前后界面的过渡非常流畅，并且具有很好的关联性。

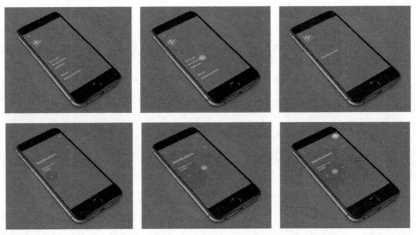

图 5-97

4．非标准布局

如果 UI 界面采用了非标准的布局方式，就需要通过在 UI 界面中添加交互动画的方式来帮助用户理解如何操作，去除用户不必要的疑惑。如图 5-98 所示，界面中信息内容的切换比较特殊，设计者采用了选项式的形式来表现各信息内容，并且使用不同的颜色来区分不同的信息选项卡，在界面中以纵深方式排列各选项卡，给人带来强烈的立体空间感。信息卡片的切换动画则模拟了现实生活中的效果，卡片快速向下模糊消失，后面的信息卡片向前顶上。

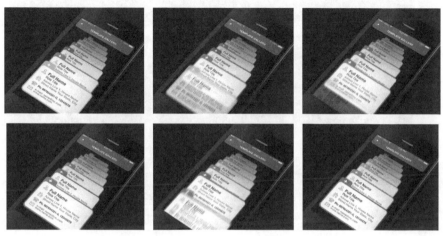

图 5-98

5．行动号召

UI 界面中的动画效果除了帮助用户有效地操作应用程序外，还能够有效地鼓励用户在界面中的其他操作，例如持续浏览、点赞或分享内容等。只有充分发挥动画的吸引力，才能够更有效地吸引用户。如图 5-99 所示，在应用的主界面中单击某个功能操作图标后，应用将以动画的形式显示出其相关的功能操作图标，将无关的功能操作图标隐藏；再次单击某个功能操作图标，应用以动画的方式呈现相应的界面，并且同样为用户提供了相应的功能操作图标，就这样一步一步地吸引用户进行操作。

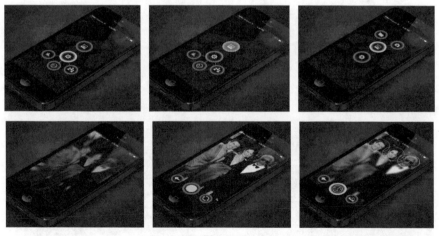

图 5-99

6．保持输入的视觉化

在所有应用中，数据输入都是最重要的操作之一，数据的输入重点是尽可能防止用户输入错误，而且可以在用户输入过程中加入适当的交互动画，使数据输入过程不是那么枯燥和无趣。如图 5-100 所示，在数据输入界面中，当用户在需要输入数据的位置单击时，该部分就会以高亮的背景颜色突出显示，并且通过动画的形式在界面下方显示出输入键盘。当用户在键盘上单击输入数据时，每单击一个数字，该数字区域就会以动画的形式进行突出表现，从而有效吸引用户的注意力，使用户专注于信息内容的输入。

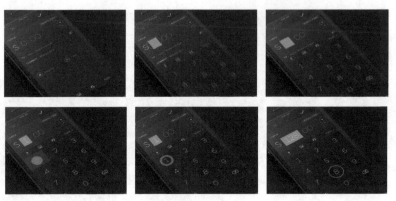

图 5-100

制作下雪天气界面动画

源文件：资源包 \ 源文件 \ 第 5 章 \5-3-2.aep　　　视频：资源包 \ 视频 \ 第 5 章 \5-3-2.mp4

01. 在 Photoshop 中打开一个设计好的 PSD 素材文件"资源包 \ 源文件 \ 第 5 章 \ 素材 \ 天气界面 .psd"，打开"图层"面板，可以看到该 PSD 文件中的相关图层，如图 5-101 所示。打开 After Effects，执行"文件 > 导入 > 文件"命令，在弹出的"导入文件"对话框中选择该 PSD 素材文件，如图 5-102 所示。

图 5-101

图 5-102

02. 单击"导入"按钮，在弹出的对话框中按图 5-103 设置各项参数。单击"确定"按钮，导入 PSD 素材自动生成合成，如图 5-104 所示。

图 5-103

图 5-104

03. 在"项目"面板中的"天气界面"合成上单击鼠标右键，在弹出菜单中选择"合成设置"选项，程序弹出"合成设置"对话框，设置"持续时间"为 10 秒，如图 5-105 所示。单击"确定"按钮，完成"合成设置"对话框的设置，双击"天气界面"合成，在"合成"窗口中打开该合成，在"时间轴"面板中可以看到该合成中相应的图层，如图 5-106 所示。

图 5-105

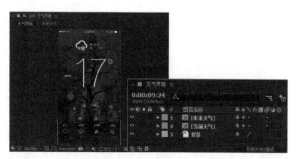
图 5-106

专家提示

　　在"时间轴"面板中可以发现，所导入的 PSD 素材中的图层文件夹同样会自动创建为相应的合成，在合成中包含相应的图层内容。这里我们不仅需要设置"天气界面"合成的"持续时间"为 10 秒，也需要将"当前天气"和"未来天气"这两个合成的"持续时间"设置为 10 秒，并且将所有图层的持续时间都调整为 10 秒。

04. 在"时间轴"面板中双击"当前天气"合成，进入该合成的编辑界面中，如图 5-107 所示。选择"天气图标"图层，将"时间指示器"移至 0:00:00:12 位置，按快捷键 P，显示该图层的"位置"属性，为该属性插入关键帧，如图 5-108 所示。

图 5-107

图 5-108

05. 将"时间指示器"移至起始位置，在"合成"窗口中将该图层内容垂直向上移至合适的位置，如图 5-109 所示。在"时间轴"面板中同时选中该图层的两个关键帧，按快捷键 F9，为所选中的关键帧应用"缓动"效果，如图 5-110 所示。

图 5-109

图 5-110

专家提示

　　此处制作的是该图层中的内容从场景外垂直向下移动进入场景中的动画效果，为什么要采用倒着做的方法呢？这是因为我们在设计稿中已经确定好了元素最终的位置，先在移动结束的位置插入关键帧，再在开始的位置将内容向上移出场景，这样可以确保内容最终移动结束的位置与设计稿相同。

06. 选择"天气信息"图层，按快捷键 S，显示该图层的"缩放"属性，将"时间指示器"移至 0:00:00:06 位置，为"缩放"属性插入关键帧，设置该属性值为 0%，如图 5-111 所示。"合成"窗口中的效果如图 5-112 所示。

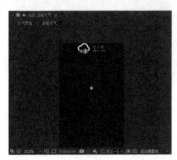

图 5-111 图 5-112

07. 将"时间指示器"移至 0:00:00:20 位置，设置"缩放"属性值为 100%，如图 5-113 所示。在"时间轴"面板中同时选中该图层的两个关键帧，按快捷键 F9，为所选中的关键帧应用"缓动"效果，如图 5-114 所示。

图 5-113 图 5-114

08. 完成"当前天气"合成中动画效果的制作后，返回"天气界面"合成中，双击"未来天气"合成，进入该合成的编辑界面中，如图 5-115 所示。选择"信息背景"图层，按快捷键 T，显示该图层的"不透明度"属性，将"时间指示器"移至 0:00:00:20 位置，设置"不透明度"属性值为 0%，插入该属性关键帧，如图 5-116 所示。

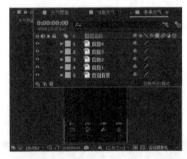

图 5-115 图 5-116

09. 将"时间指示器"移至 0:00:01:08 位置，设置该图层的"不透明度"属性值为 100%，如图 5-117 所示。选择"信息 1"图层，按快捷键 P，显示该图层的"位置"属性，将"时间指示器"移至 0:00:01:20 位置，为"位置"属性插入关键帧，如图 5-118 所示。

图 5-117 图 5-118

10. 将"时间指示器"移至 0:00:01:08 位置，在"合成"窗口中将该图层内容向下移至合适的位置，如图 5-119 所示。选择"信息 2"图层，按快捷键 P，显示该图层的"位置"属性，将"时间指示器"移至 0:00:02:03 位置，为"位置"属性插入关键帧，如图 5-120 所示。

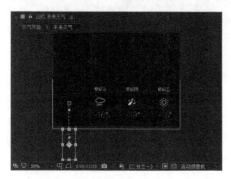

图 5-119　　　　　　　　　　　　　　　　图 5-120

11. 将"时间指示器"移至 0:00:01:16 位置，在"合成"窗口中将该图层内容向下移至合适的位置，如图 5-121 所示。选择"信息 3"图层，按快捷键 P，显示该图层的"位置"属性，将"时间指示器"移至 0:00:02:11 位置，为"位置"属性插入关键帧，如图 5-122 所示。

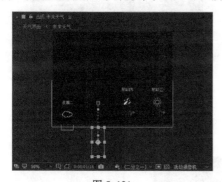

图 5-121　　　　　　　　　　　　　　　　图 5-122

12. 将"时间指示器"移至 0:00:01:24 位置，在"合成"窗口中将该图层内容向下移至合适的位置，如图 5-123 所示。选择"信息 4"图层，按快捷键 P，显示该图层的"位置"属性，将"时间指示器"移至 0:00:02:19 位置，为"位置"属性插入关键帧，如图 5-124 所示。

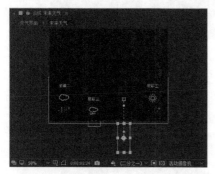

图 5-123　　　　　　　　　　　　　　　　图 5-124

13. 将"时间指示器"移至 0:00:02:07 位置，在"合成"窗口中将该图层内容向下移至合适的位置，如图 5-125 所示。为每个图层中的关键帧都应用"缓动"效果，如图 5-126 所示。

图 5-125   图 5-126

14. 完成"未来天气"合成中动画效果的制作后，返回"天气界面"合成中。执行"图层 > 新建 > 纯色"命令，程序弹出"纯色设置"对话框，设置颜色为白色，如图 5-127 所示。单击"确定"按钮，新建纯色图层，将该图层调整至"背景"图层上方，如图 5-128 所示。

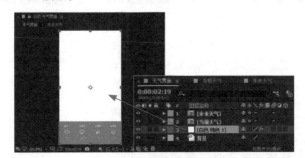

图 5-127   图 5-128

15. 选择刚才新建的纯色图层，执行"效果 > 模拟 >CC Snowfall"命令，为该图层应用 CC Snowfall 效果，在"效果控件"面板中取消 Composite With Origina 复选框的勾选状态，如图 5-129 所示。在"合成"窗口中可以看到 CC Snowfall 所模拟的下雪效果，如图 5-130 所示。

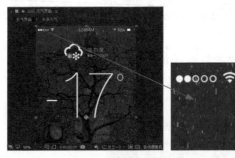

图 5-129   图 5-130

16. 在"效果控件"面板中对 CC Snowfall 效果的相关属性进行设置，从而调整下雪的动画效果，如图 5-131 所示。在"合成"窗口中可以看到设置后的下雪效果，如图 5-132 所示。

图 5-131   图 5-132

专家提示

　　在 CC Snowfall 效果的"效果控件"面板中，可以通过各属性来控制雪量的大小、雪花的尺寸、下雪的偏移方向等多种效果，用户在设置的过程中完全可以根据自己的需要对参数进行调整。

17. 执行"文件 > 保存"命令保存文件。单击"预览"面板上的"播放 / 停止"按钮▶，可以在"合成"窗口中预览动画效果。也可以根据前面介绍的渲染输出方法，将该动画渲染输出为视频文件，再使用 Photoshop 将其输出为 GIF 格式的动画，动画效果如图 5-133 所示。

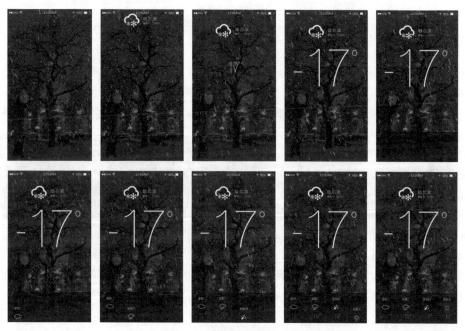

图 5-133

5.4　动画设计的作用与常见效果

　　好的设计是显而易见的，而优秀的设计是无形的。一个优秀的 UI 界面动画可以使该 App 应用更易使用，并且能够有效吸引用户的眼球，同时在用户使用 App 应用时完全不会被动画效果分心。

5.4.1　动画设计的作用

　　为了使读者充分理解 UI 界面中的交互动画设计，这里详细介绍一下交互动画在 App 应用中的定位和职责。

1. 视觉反馈

　　对任何用户界面来讲，视觉反馈都是至关重要的。在物理世界中，人们跟物体的交互是伴随着视觉反馈的，同样，人们期待从 UI 界面中得到一个类似的效果。UI 界面需要为用户的操作提供视觉、听觉及触觉反馈，使用户感到他们在操控该界面，同时视觉反馈有个更简单的用途：它暗示着当前的应用程序运行正常。当一个按钮在放大或者一个被滑动图片在朝着正确方向移动，那么很明显，当前的应用程在运行着，在回应着用户的操作。

　　如图 5-134 所示，当用户点击某条信息右上角的单选按钮，选择该条信息内容时，该条信息内容的背景颜色将逐渐从点击位置扩展为整个信息的背景颜色，并接着收缩为一个绿色背景的信息条，在视觉上给用户很好的反馈，使用户专注于当前的操作。

图 5-134

2.功能改变

这种交互动画效果展示出，当用户在 UI 界面中与某个元素交互时，这个元素是变化的。如果需要在 UI 界面中表现一个元素功能如何变化，这种动画效果是最好的选择。人们经常将它与按钮、图标、其他小设计元素放在一起使用。

图 5-135 所示为一个图片列表界面，当用户点击界面右上角的功能图标时，界面中图片列表会以动画的形式转换为另外一种排版方式，以此同时，界面右上角的功能图标会相应地转换为另外一种图标效果，从而表现出新的操作功能。

图 5-135

如图 5-136 所示，当用户在界面中点击某信息内容后，应用将切换至该信息内容的界面，与其同时，界面左上角的功能操作图标会发生相应变化，界面右下角的悬浮图标同样也发生了功能变化，点击界面右上角的悬浮图标，可以展开相应的功能操作按钮，而所点击的图标这时也发生了功能的变化。

图 5-136

3.扩展界面空间

大部分的移动应用程序都有非常复杂的结构，所以设计师需要尽可能地简化移动应用程序的导航。对这项任务来讲，交互动画的应用是非常有帮助的。如果所设计的交互动画展示出元素被藏在哪里，用户下次找起来就会很容易。图 5-137 所示为常见的交互菜单动画效果，默认情况下，为了节省界面空间，导航菜单被隐藏在界面以外，当用户点击相应的功能操作按钮时，应用才会以动画的形式在界面中展示导航菜单。

图 5-137

4．元素的层次结构及其交互

交互动画完美地表现了界面的某些部分并阐明了它们进行交互的方式。交互动画中每个元素都有其目的和定位，例如，一个按钮可以激活弹出菜单，那么该菜单最好从按钮弹出而不是从屏幕侧面滑出来，这样就会展示用户点击该按钮的回应，有助于帮助用户理解这两个元素（按钮和弹出菜单）是有联系的。如图 5-138 所示，界面中的交互导航菜单动画显示当界面左上角的功能图标被点击后，菜单选项从该按钮图标的位置逐渐向下弹出，在用户的眼里，导航菜单与功能图标本质上是同样的元素，只是变大了。

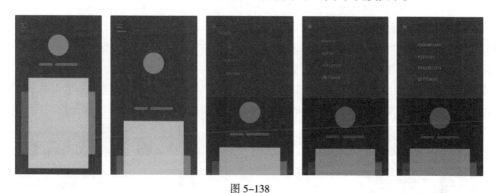

图 5-138

UI 界面中所添加的动画效果都应该能够表现出元素之间是如何联系的，这种层次结构和元素的交互对一个直观的界面来说是非常重要的。

5．视觉提示

如果某一款移动应用程序中的元素间有不可预估的交互模式，通过加入合适的动画效果为用户提供视觉线索就显得非常必要了。在 UI 界面中加入动画效果可以有效起到暗示用户如何与界面元素进行交互的作用。如图 5-139 所示，当用户点击某个选项后，应用切换到该选项界面中，界面中的内容将以卡片的形式从右侧滑入界面中，用户就可以知道点击某个内容卡片后，该内容卡片将逐渐放大显示详细内容。

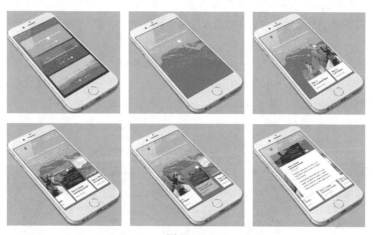

图 5-139

6．系统状态

在应用程序的运行过程中，总会有几个进程在后台运行，例如从服务器下载、进行后台计算等，在 UI 界面的设计中需要让用户知道应用程序并没有停止运行或者崩溃，要告诉用户应用程序正在良好地运行。这种时候，通常设计者会在 UI 界面中通过动画的形式来表现当前的应用程序运行状态，通过视觉符号的进度给用户一种控制感。图 5-140 所示为一个应用程序的录音界面，当音频录制正在进行，屏幕中会显示一条波动的音频轨道，实时声波动画效果就可以表现出声音的大小，从而给用户一种直观的视觉感受。

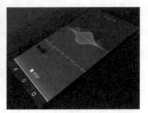

图 5-140

7．富有趣味性的动画效果

富有趣味性的动画效果可以对 UI 界面起到画龙点睛的作用，独特的动画效果能够有效吸引用户的关注，与其他同类型的应用程序相区别，从而使该应用程序脱颖而出。独特而富有趣味性的动画效果可以有效提高应用程序的识别度。图 5-141 所示为一个界面下拉刷新的动画效果，运用正在煮菜的锅的动画来表现界面刷新的过程，给人耳目一新的感觉，该下拉刷新动画效果应用在餐饮类的应用程序中非常合适。

图 5-141

5.4.2　常见的 UI 界面交互动画效果

UI 界面动画设计能够有效地表达页面或者内容之间的逻辑关系，通过视觉效果直接清晰地展示用户在 UI 界面中操作的状态。动画的应用能够为用户提供更加清晰的操作指引，表现出界面和内容的位置或者层级关系。

本节将向分享 UI 界面中常见的多种交互动画效果及各自适用的场景，供读者进行参考。

1．滑动效果

滑动效果即信息列表跟随用户的交互手势而动，然后回到相应的位置上。保持页面整齐，这种交互动画属于指向型动画，内容的滑动取决于用户是使用那种手势滑动的。它的作用就是通过指向型转场，有效帮助用户理清页面内容的层级排列情况。图 5-142 所示为滑动效果在 UI 界面中的应用。

图 5-142

如果 UI 界面中的元素需要以列表的方式呈现，就可以使用滑动效果，例如一些人物的选择、款式的选择等，都适合使用滑动效果呈现。

2．扩大弹出效果

界面中的内容会从缩略图转化为全屏视图（一般这个内容的中心点也会移动到屏幕的中央），反向动画效果就是内容从全屏视图转换为缩略图。扩大弹出效果的优点是能清楚地告诉用户点击的地方被放大了。图 5-143 所示为扩大弹出效果在 UI 界面中的应用。

图 5-143

如果 UI 界面中的元素需要与用户进行单一交互（如点击图片查看详情），就可以使用扩大弹出效果，使转场过渡更加自然。

3．最小化效果

界面元素在点击之后缩小，然后移动到屏幕上相应的位置，相反的动效就是扩大，从某个图标或缩略图重新切换为全屏。这样做的好处是能够清楚地告诉用户，最小化的元素可以在哪里被找到，如果没有动画效果的引导，可能用户需要花时间去寻找。图 5-144 所示为最小化效果在 UI 界面中的应用。

图 5-144

如果用户想要在界面中最小化某个元素，就可以使用最小化效果，符合从哪来到哪去的原理。

4．对象切换效果

对象切换效果是指当前界面移动到后面，新的界面移动到前面，这样能够清楚解释界面之间是进行切换的，不会显得转换得太突兀和莫名其妙。图 5-145 所示为对象切换效果在 UI 界面中的应用。

图 5-145

使用对象切换效果可以让用户产生眼前一亮的感觉，常应用于一些商品图片的切换等。

5．展开堆叠效果

界面中堆叠在一起的元素被展开，能够清楚地告诉用户每个元素的排列情况，从哪里来到哪里去，也显得更加有趣。图 5-146 所示为展开堆叠效果在 UI 界面中的应用。

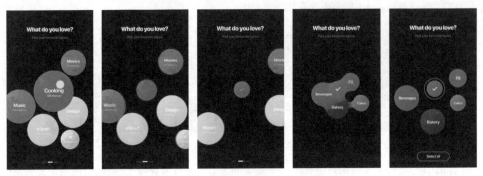

图 5-146

如果某个 UI 界面中需要展示较多的功能选项，就可以使用展开堆叠效果。例如一个功能中隐藏了好几个二级功能，使用展开堆叠效果，有利于引导用户。

6．翻页效果

翻页效果是指当用户在 UI 界面中实施滑动手势的时候，出现类似现实生活中翻页一样的动画效果。翻页的动画转场效果也能够清晰地展现列表层级的信息架构，并且模仿现实生活中的动画效果更加富有情感。图 5-147 所示为翻页效果在 UI 界面中的应用。

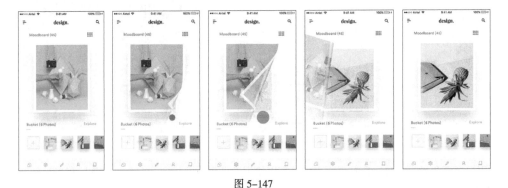

图 5-147

当用户进行一些翻页操作（如看小说、读长篇文章等）时，应用程序使用翻页效果会更贴近现实生活，引起用户共鸣。

7．标签转换效果

标签转换效果是指根据界面中内容的切换，标签按钮相应地在视觉上做出改变，而标题是随着内容移动而改变的，这样能够清晰地展示标签和内容之间的从属关系，让用户能够清晰理解界面之间的架构。图 5-148 所示为标签转换效果在 UI 界面中的应用。

图 5-148

标签转换效果适用于同一层级界面之间的切换，例如切换导航或者操作进度流程。在 UI 界面中使用标签切换效果可以让用户更了解架构。

8．融合效果

融合效果是指 UI 界面中的元素会根据用户的点击交互而分离或者结合，用户可以感受到元素与元素之间的关联。比起直接切换，显然用融合动画更加有趣。图 5-149 所示为融合效果在 UI 界面中的应用。

图 5-149

融合效果适用于当用户在界面中操作某一个功能图标时可能会触发其他功能的情况。例如用户在使用运动 App 开始健身或跑步的时候，点击开始功能图标，应用会同时出现暂停和结束功能操作图标。

9．平移效果

当一张图片在有限的屏幕里不能被完整查看的时候，就可以在界面中加入平移的交互动画，与此同时，还可以在平移的基础上配合放大等动画效果一起使用，从而使界面动画的表现更加实用。图 5-150 所示为平移动画效果在 UI 界面中的应用。

图 5-150

通常可以在一些界面内容大于屏幕的界面中使用平移动画效果，最常见的就是地图应用。

10．滚动效果

滚动效果是指根据用户的操作手势，界面内容进行滚动操作，该动画效果非常适用于 UI 界面中列表信息的查看。滚动交互动画是 UI 界面中使用最频繁的交互动画效果，也可以在滚动效果的基础上加入其他的动画效果，使界面的交互更加有趣和丰富。图 5-151 所示为滚动效果在 UI 界面中的应用。

图 5-151

当用户在 UI 界面中需要进行垂直或水平滑动操作时，都可以使用滚动效果，例如界面中的列表、图片等都可以使用。

实战 **制作音乐 App 界面交互动画**
源文件：资源包\源文件\第5章\5-4-2.aep 视频：资源包\视频\第5章\5-4-2.mp4

01. 在 After Effects 中新建一个空白的项目，执行"合成 > 新建合成"命令，在弹出的"合成设置"对话框中按图 5-152 所示设置各项参数。单击"确定"按钮，新建合成。执行"文件 > 导入 > 文件"命令，在弹出的对话框中将该动画相关的素材同时选中，如图 5-153 所示。

图 5-152   图 5-153

02. 单击"导入"按钮，即可将选中的多个素材同时导入"项目"面板中，如图 5-154 所示。从"项目"面板中将"界面 1.png"素材图像拖入"时间轴"面板中，如图 5-155 所示。

图 5-154   图 5-155

03. 在"界面 1"中需要制作的动画是单击该界面左上角的按钮图标，切换到"界面 2"中。将"界面 1"图层锁定，使用"椭圆工具"，设置"填充"为白色，"描边"为无，在界面左上角位置按住 Shift 键绘制一个正圆形，如图 5-156 所示。使用"向后平移（锚点）工具"，将所绘制的正圆形的中心点调整至该正圆形中心位置，如图 5-157 所示。

图 5-156   图 5-157

04. 将"时间指示器"移至 0:00:00:15 位置，将该图层重命名为"点击"，为该图层的"缩放"和"不透明度"属性分别插入关键帧，设置"不透明度"属性值为 80%，如图 5-158 所示。按快捷键 U，在该图层下方只显示添加了关键帧的属性，将"时间指示器"移至 0:00:00:18 位置，设置"缩放"属性值为 40%，"不透明度"属性值为 70%，如图 5-159 所示。

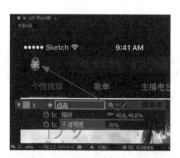

图 5-158

图 5-159

05. 将"时间指示器"移至 0:00:00:23 位置，设置"缩放"属性值为 250%，"不透明度"属性值为 0%，如图 5-160 所示。同时选中该图层中的所有属性关键帧，按快捷键 F9，为所选中的关键帧应用"缓动"效果，如图 5-161 所示。

图 5-160

图 5-161

06. 从"项目"面板中将"界面 2.png"素材图像拖入"合成"窗口中，并调整到合适的位置，如图 5-162 所示。将"时间指示器"移至 0:00:00:23 位置，选择"[界面 2.png]"图层，按快捷键 P，显示"位置"属性，为该属性插入关键帧，如图 5-163 所示。

图 5-162

图 5-163

07. 将"时间指示器"移至 0:00:01:05 位置，在"合成"窗口中将该图层内容水平向左移至合适的位置，如图 5-164 所示。同时选中该图层中的两个属性关键帧，按快捷键 F9，为所选中的关键帧应用"缓动"效果，如图 5-165 所示。

图 5-164

图 5-165

08. 在"[界面 2.png]"中需要制作的是音波识别的动画效果。使用"矩形工具"，设置"填充"为 #B62E2C，"描边"为无，在"合成"窗口中绘制一个矩形，如图 5-166 所示。将该图层重命名为"音波"，并拖动该图层蓝条调整其入点位置为 0:00:01:05，如图 5-167 所示。

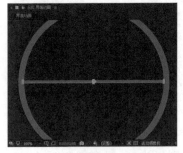

图 5-166 图 5-167

09. 选择"音波"图层，执行"效果 > 扭曲 > 波形变形"命令，为其应用"波形变形"效果，如图 5-168 所示。在"效果控件"面板中对"波形变形"效果的相关属性进行设置，并为"波形高度"属性插入关键帧，如图 5-169 所示。

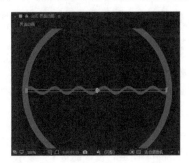
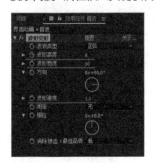

图 5-168 图 5-169

10. 选择"音波"图层，按快捷键 U，在该图层下方只显示添加了关键帧的属性，将"时间指示器"移至 0:00:01:15 位置，设置"波形高度"属性值为 3，如图 5-170 所示。同时选中该图层中的两个关键帧，按组合键 Ctrl+C 复制关键帧，将"时间指示器"移至 0:00:01:20 位置，按组合键 Ctrl+V 粘贴关键帧，如图 5-171 所示。

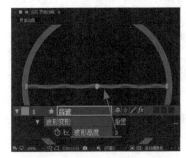

图 5-170 图 5-171

11. 将"时间指示器"移至 0:00:02:24 位置，按组合键 Ctrl+V 粘贴关键帧，将"时间指示器"移至 0:00:03:16 位置，按组合键 Ctrl+V 粘贴关键帧，"时间轴"面板如图 5-172 所示。

图 5-172

12. 选择"音波"图层，按组合键 Ctrl+D，得到"音波 2"图层，将"音波 2"图层的属性关键帧清除，展开该图层的属性，修改其"大小"和"不透明度"属性，使其更细一些，如图 5-173 所示。将"时间指示器"移至 0:00:01:05 位置，展开该图层"波形变形"效果的相关属性，对相关属性进行设置，为"波形高度"属性插入关键帧，如图 5-174 所示。

图 5-173　　　　　　　　　　　　　　　　　图 5-174

13. 在"合成"窗口中可以看到"音波 2"图层中波形的效果，如图 5-175 所示。选择"音波 2"图层，按快捷键 U，只显示添加了关键帧的属性，将"时间指示器"移至 0:00:01:15 位置，插入"波形高度"属性关键帧，如图 5-176 所示。

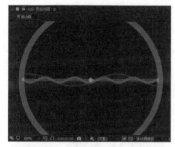 

图 5-175　　　　　　　　　　　　　　　　　图 5-176

14. 将"时间指示器"移至 0:00:01:20 位置，设置"波形高度"属性值为 40，如图 5-177 所示。将"时间指示器"移至 0:00:02:05 位置，设置"波形高度"属性值为 3，如图 5-178 所示。

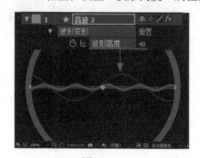 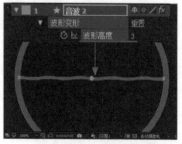

图 5-177　　　　　　　　　　　　　　　　　图 5-178

15. 同时选中该图层后两个属性关键帧，按组合键 Ctrl+C 复制关键帧，将"时间指示器"移至 0:00:03:10 位置，按组合键 Ctrl+V 粘贴关键帧，将"时间指示器"移至 0:00:04:10 位置，按组合键 Ctrl+V 粘贴关键帧，"时间轴"面板如图 5-179 所示。

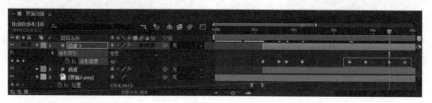

图 5-179

16. 选择"音波 2"图层，按组合键 Ctrl+D，得到"音波 3"图层，根据前面两条音波图形动画的制作方法，可以完成该图层中动画的制作，效果如图 5-180 所示，"时间轴"面板如图 5-181 所示。

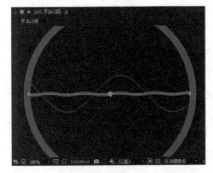

图 5-180

图 5-181

专家提示

　　此处是制作 3 条波形的图形动画效果，在设置"波形变形"效果的属性参数时，可以自由地进行设置，实现 3 条不同效果的波形动画即可。

17. 将"时间指示器"移至 0:00:04:20 位置，分别拖动"音波""音波 2"和"音波 3"图层的蓝条，调整其出点位置为 0:00:04:20 位置，如图 5-182 所示。从"项目"面板中将"停止识别 .png"素材图像拖入"合成"窗口中，并调整到合适的位置，如图 5-183 所示。

图 5-182

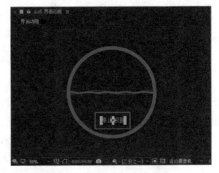

图 5-183

18. 从"项目"面板中将"正在识别 .png"素材图像拖入"合成"窗口中，并调整到合适的位置，如图 5-184 所示。在"时间轴"面板中分别将"[停止识别 .png]"和"[正在识别 .png]"这两个图层的入点调整至 0:00:01:05 位置，出点调整至 0:00:04:20 位置，如图 5-185 所示。

图 5-184

图 5-185

19. 从"项目"面板中将"处理中 .png"素材图像拖入"合成"窗口中，在"时间轴"面板中分别将"[处理中 .png]"图层的入点调整至 0:00:04:21 位置，如图 5-186 所示。在"合成"窗口中将其调整至合适的位置，效果如图 5-187 所示。

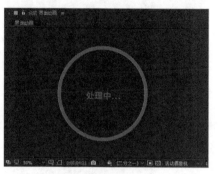

图 5-186　　　　　　　　　　　　　　　　图 5-187

20. 完成第 2 个界面中动画效果的制作，接下来就需要切换到界面 3 中，在界面 3 中主要实现播放音乐的动画效果。从"项目"面板中将"界面 3.png"素材图像拖入"合成"窗口中，并调整至合适的位置，如图 5-188 所示。将"时间指示器"移至 0:00:05:10 位置，选择"[界面 3.png]"图层，按快捷键 P，显示"位置"属性，为该属性插入关键帧，如图 5-189 所示。

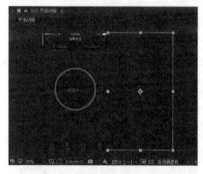

图 5-188　　　　　　　　　　　　　　　　图 5-189

21. 将"时间指示器"移至 0:00:05:17 位置，在"合成"窗口中将该图层中的素材向左水平移至合适的位置，如图 5-190 所示。同时选中该图层中的两个属性关键帧，按快捷键 F9，为所选中的关键帧应用"缓动"效果，如图 5-191 所示。

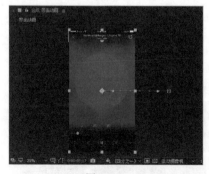

图 5-190　　　　　　　　　　　　　　　　图 5-191

22. 从"项目"面板中将"唱片 1.png"素材图像拖入"合成"窗口中，并调整至合适的位置，如图 5-192 所示。在"时间轴"面板中设置"唱片 1"图层的"父级"为"[界面 3.png]"图层，如图 5-193 所示。

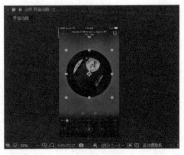

图 5-192

图 5-193

23. 从"项目"面板中将"唱针 .png"素材图像拖入"合成"窗口中，并调整至合适的位置，如图 5-194 所示。使用"向后平移（锚点）工具"，将该图层的中心点移至该素材图像的左上角位置，如图 5-195 所示。

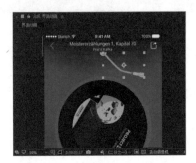
图 5-194

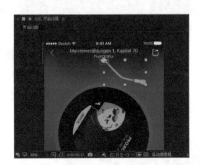
图 5-195

24. 在"时间轴"面板中设置"唱针 .png"图层的"父级"为"[界面 3.png]"图层，如图 5-196 所示。选择"唱针"图层，按快捷键 R，显示该图层的"旋转"属性，设置其属性值为 30°，效果如图 5-197 所示。

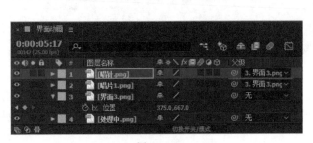
图 5-196

图 5-197

25. 选择"[唱片 1.png]"图层，按快捷键 R，显示该图层的"旋转"属性，将"时间指示器"移至 0:00:05:17 位置，插入"旋转"属性关键帧，如图 5-198 所示。将"时间指示器"移至 0:00:07:00 位置，设置"旋转"属性值为 21°，效果如图 5-199 所示。

图 5-198

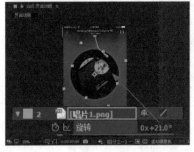
图 5-199

26. 确认"时间指示器"移至 0:00:07:00 位置，按快捷键 P，显示该图层的"位置"属性，为该属性插入关键帧，如图 5-200 所示。将"时间指示器"移至 0:00:07:10 位置，在"合成"窗口中将该图层的素材图像向左水平移至合适的位置，如图 5-201 所示。

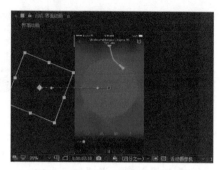

图 5-200　　　　　　　　　　　　　　　　　　图 5-201

27. 同时选中该图层中的属性关键帧，按快捷键 F9，为所选中的关键帧应用"缓动"效果，如图 5-202 所示。从"项目"面板中将"唱片 2.png"素材图像拖入"合成"窗口中，并调整至合适的位置，如图 5-203 所示。

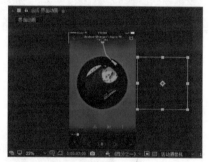

图 5-202　　　　　　　　　　　　　　　　　　图 5-203

28. 将"[唱片 2.png]"图层移至"[唱片 1.png]"图层上方，将"时间指示器"移至 0:00:07:00 位置，按快捷键 P，显示该图层的"位置"属性，为该属性插入关键帧，如图 5-204 所示。将"时间指示器"移至 0:00:07:10 位置，在"合成"窗口中将该图层的素材图像向左水平移至合适的位置，如图 5-205 所示。

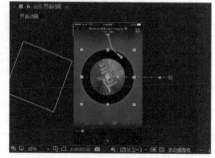

图 5-204　　　　　　　　　　　　　　　　　　图 5-205

29. 将"时间指示器"移至 0:00:08:18 位置，插入"位置"属性关键帧，如图 5-206 所示。将"时间指示器"移至 0:00:09:03 位置，在"合成"窗口中将该图层的素材图像向左水平移至合适的位置，如图 5-207 所示。

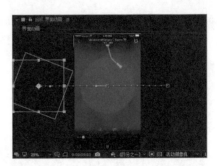

图 5-206　　　　　　　　　　　　　图 5-207

30. 将"时间指示器"移至 0:00:07:10 位置，按快捷键 R，显示该图层的"旋转"属性，为该属性插入关键帧，如图 5-208 所示。将"时间指示器"移至 0:00:08:18 位置，设置"旋转"属性值为 21°，效果如图 5-209 所示。

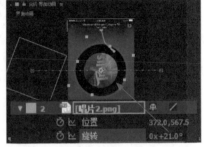

图 5-208　　　　　　　　　　　　　图 5-209

31. 同时选中该图层中的属性关键帧，按快捷键 F9，为所选中的关键帧应用"缓动"效果，如图 5-210 所示。从"项目"面板中将"唱片 3.png"素材图像拖入"合成"窗口中，使用相同的制作方法，完成该图层中动画效果的制作，"时间轴"面板如图 5-211 所示。

图 5-210

图 5-211

32. 选择"[唱针 .png]"图层，按快捷键 R，显示该图层的"旋转"属性，将"时间指示器"移至 0:00:05:17 位置，为"旋转"属性插入关键帧，如图 5-212 所示。将"时间指示器"移至 0:00:07:00 位置，同样为"旋转"属性添加关键帧，如图 5-213 所示。

图 5-212　　　　　　　　　　　　　图 5-213

33. 将"时间指示器"移至 0:00:07:08 位置，设置"旋转"属性值为 0°，如图 5-214 所示。将"时间指示器"移至 0:00:07:13 位置，为"旋转"属性添加关键帧，如图 5-215 所示。

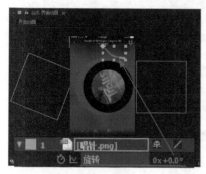 

图 5-214　　　　　　　　　　　　　　　　　　图 5-215

34. 将"时间指示器"移至 0:00:07:21 位置，设置"旋转"属性值为 30°，如图 5-216 所示。同时选中该图层后 4 个属性关键帧，按组合键 Ctrl+C 复制关键帧，将"时间指示器"移至 0:00:08:18 位置，按组合键 Ctrl+V 粘贴关键帧，如图 5-217 所示。

 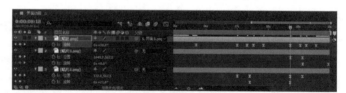

图 5-216　　　　　　　　　　　　　　　　　　图 5-217

35. 同时选中该图层中的所有属性关键帧，按快捷键 F9，为所选中的关键帧应用"缓动"效果，如图 5-218 所示。

图 5-218

> **专家提示**
>
> 　　在"界面 3.png"中唱片切换的动画基础上，也可以在该界面中加入跟随唱片的切换，顶部的歌曲名称也同时变化的动画效果。还可以在该界面中加入模拟光标在界面中滑动进行切换的动画效果，这些相对来说都比较简单，感兴趣的读者可以自己动手试一试。

36. 执行"文件 > 保存"命令保存文件。单击"预览"面板上的"播放 / 停止"按钮▶，可以在"合成"窗口中预览动画效果。也可以根据前面介绍的渲染输出方法，将该动画渲染输出为视频文件，再使用 Photoshop 将其输出为 GIF 格式的动画，动画效果如图 5-219 所示。

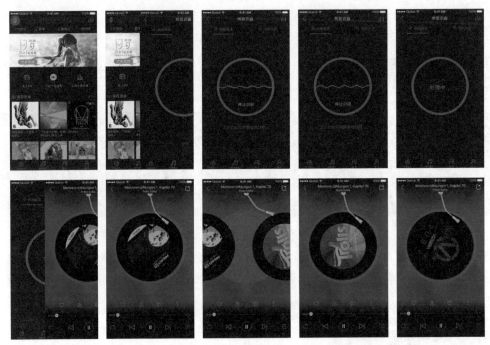

图 5-219

5.5 本章小结

　　UI 界面中各种各样的交互动画效果非常多，但很多动画效果无非是多种动画效果的组合，本章详细向介绍了 UI 界面交互动画设计制作的相关知识，并带领读者完成了几个界面交互动画的制作。通过本章的学习，读者能够掌握 UI 界面交互动画的制作方法和技巧，并能够举一反三，制作出更多更精美的交互动画。